職場神獸養成記

\\\ 變身神獸 ///
一輩子有錢賺

工作生活家 白慧蘭 著

〔推薦序〕

目標大於恐懼就能無所畏懼

文／女力學院院長　江湖人稱S姐

以前的我是個獵人頭顧問，對於Windows這樣的集團總是在認知有專業上的距離，直到「工作生活家」開始有後續的漣漪串聯，因為講座的邀請與小白姊認識，也因為「工作生活家」讓我有幸邀請她成為女力學院的大使群之一。這位職場神獸，用她多年的經驗證明給跨世代的工作者，不管在職場你是哪種職位，都要想辦法讓自己成為到哪都可以生存的高等神獸，神獸才有選擇的權利，才能定義自己的職場價值；而社畜雖然能夠生存，但僅能沒有靈魂的活著，在現實與理想之間被壓榨，進入職場黑洞循環。

在職場上我們見識到的對象百百種，但總歸就是企業內部團隊／跨部門同事／主管／人資／大老闆，可能包含海外總部窗口等等，對外包含了客戶、廠商應對，潛在客戶群；說到底整個職場除了個人規畫的薪水／能力提升及舞台成就感以外，最重要的就是「人」的問題，溝通佔據了大多人的思考時間，這當然也是多數大老闆都在煩惱的問題——人性。而人性其實可測，來自於我們懂得如何解析他人與控管個人情緒。

身為女力學院創辦人，有陣子在生活上有困惑以及在事業上有瓶頸時問了小白姊幾次意見，每次她都會先問我一句關鍵字：「你要什麼？」

當我回答一些比較籠統的想法時，她還是會再追問我：「不對，你有沒有想清楚你要什麼？」的確，一般人很容易想的是我要自由、我要財富，但追根究柢的不是這些，而是自由後我要什麼？在事業／家庭／生活上，我要什麼？就是因為要的不夠明確，所以在抉擇上總是模糊不定，在爭取自己的權益上總是妥協。後來我就理解了，女力學院的經典名言：「目標大於恐懼就能無所畏懼」的這段話，小白姊完全是活脫脫的代言人；在職場與生活上的目標明確，所以勇敢的站出來為團隊與自己爭取資源，放大生活中的不平常，與多數人建立連結，透過價值談判創造無數職場奇蹟。

「活在未來，才能有目標的活在當下」，對於成為職場神獸的訓練，小白姊在書中定義了好幾套系統化的方法：持續記錄，設定邊界與彈性調整空間，克服恐懼、斷捨離、聚焦，尊重並有限度的利他思維，展現個人價值。在這樣的循環系統下，要達到個人升等並不難，期待你將這本書應用在職場與生活的各個面向上！

〔推薦序〕

奪回人生主控權，做自己職涯的主人翁

文／「職涯實驗室」社群創辦人　何則文

小白姊是一位不可思議的奇女子，她是我人生的Mentor，也是我的老師。跟小白姊認識這幾年，在她身上學到了很多職場跟人生的道理。

「與其抱怨，不如奪回屬於你的人生主控權，做自己職涯的主人翁。」我想是小白姊告訴我們最重要的事情。

這幾年來，你總能看到小白姊充滿活力的不斷嘗試新的突破，雖然早就已經在事業上有相當好的成績，但小白姊永遠在往前看，永遠要做出新的成績。她的內心猶如擁有永不止息的熱火，每一天都在超越過去的自己。我看到小白姊工作，不只是為了財富、名聲以及地位而已了，這些她都早已擁有，更多的是自我突破。

小白姊向我們揭示的是一個創造出自我價值的旅途，許多人哀怨地認為，這樣VUCA（volatility易變性、uncertainty不確定性、complexity複雜性、ambiguity模糊性）的時代，我們似乎不可避免會受到大環境的影響，無論是疫情還是全球政經局勢的動盪，但小白姊告訴我們，你可以不當小螺絲釘，你可以不當被公司豢養的「社畜」，你需要自己進化成「職場神獸」，鎮守一方。

在工作中，或許你會遇到不賞識你的老闆、表面和藹可親，私底下卻放冷箭，自以為在演後宮鬥爭劇的瞎同事，但你的人生不應該被這些咖綁住。你要透過喚起內心的勇氣，學會談判的能力來建構屬於你的護城河，同時要把握住個人品牌的經營之道，公司會倒、局勢可能會不好，但只有你自己，能讓你的名字成為響亮的品牌。

這些都能在小白姊身上得到很好的應證，在人人稱羨的科技外商工作，小白姊沒有安逸於這樣的成就，而是積極斜槓拓展自己的可能。她經營社群影響青年，她成為企管講師在各大公私部門授課傳道解惑，她也是許多知名媒體的專欄作家。

就猶如狡兔有三窟，小白姊因為讓自己成為許多層次的專家，讓她有底氣在職場上大大的施展拳腳，讓公司需要她大於自己需要公司。這不需要等你功成名就，這只需要你學會平衡你的人生，成為一位真正的工作生活家，這時候，道路將向你顯現，而小白姊的故事，將成為我們最好的職涯指南地圖。

〔推薦序〕

一本探索內心又能見招拆招的職場教戰守策

文／微星科技副總　陳德齡

我的工作資歷超過二十三年，一共待過三家公司。在前兩家公司，既沒有熱情也找不到成就感，心裡一直很慌，直到進了第三家公司，彷彿找到天命，一待就是二十年。同事對我的評價是：「Maggie永遠充滿活力，對工作充滿熱情。」這些人前看起來的樂觀進取，也是用了二十年的歲月，漸漸累積出的自信。當我看完好閨密這一本讓社畜變神獸的書，真心想要推薦給進入職場叢林的小白兔們，這本就是武林祕笈啊！一步步帶著心慌的上班族實地演練、推敲，突破一個個可能是自我設限的關卡。

第一部分的〈主管都是鬼?!〉。我擔任處級以上主管大概十五至十六年，常常想：「我可能就是鬼。」有時排山倒海的壓力大到會讓主管理智線斷掉，難以將心比心，又或是擔心不嚴肅看待人事物，會讓整個部門賞罰不清，導致派系林立。有時候真心希望能有「可人兒」跳出來，清楚談出自己的訴求，讓主管不用猜心，才能從鬼變天使。小白書中的教戰守策，清楚列出步驟，招招正中主管心坎。職場上想的不應該是對抗，而是幫助，透過互相幫助，讓自己站在更有利的位置。

第二部分的〈同事是賤人?!〉。「很多時候談判不是輸給對方，而是輸給充滿負面情緒的自己」我反覆咀嚼這句話，回想起我常跟我的Team Member說：「人不遭忌非人才。」被同事抹黑或針對都是職場磨練的一部分，小白書中的情境，你我都會遇到，但大部分人選擇用生氣或是重砲回擊來應對，不但對事情幫助甚少，還傷了身體，更可能產生更多的敵人，或是留下話柄。小白呼吸法，看似簡單，卻是紮實的教戰應對。

第三部分的〈變身神獸職場談判術〉。小白從入門到育成談職場神獸，讀起來就像是帶領所有職場人找尋自我的過程，跳脫煩惱老闆、同事等職場關係，開始傾聽自己、盤點自己，然後設定目標勇往直前，讓每天起床工作不是無能為力，而是滿滿熱情與朝氣。工作生活家，是你我職場人的最高境界，不再是只為了五斗米花費大筆時間，而是成就自己的每分每秒。

這本書道盡很多職場的真實狀況，我很確定那些故事都是真的，我是小白的最佳聽眾，見證她從一隻怨氣沖天的社畜，一步步轉型成自信自愛的神獸。在職場上每個人都有自己的難，神獸也會抱怨，但道盡難處後能夠撥雲見日，再把眼光放遠，這就是我閨密要跟大家分享的，探索內心又輔以精闢招式協助拆解的職場教戰守策。對於已在職場打拚超過二十年的我而言，不只教戰，也引起心靈最深處的共鳴。

〔推薦序〕

如果你不想卑躬屈膝，那還可以怎麼做？

文／商業思維學院院長　游舒帆

還記得我跟小白第一次碰面時，我問她：「妳怎麼有辦法在M社做『工作生活家』這種社群，而且還搞這麼大？」

她的回答我一直都印象深刻，她告訴我：「不會有人跟利益過意不去。」

這本《職場神獸養成記》跟一般的職場勵志書或者鼓勵你做自己的書完全不同，談論的就是一位職場神獸在職場打滾多年的智慧。

這些智慧，不是要你忍氣吞聲，也不是要你在現實面前低頭，而是告訴你怎麼到切入點，與對方互利同贏；這些智慧，不是要你勇敢地做自己，也不是告訴你有志者事竟成，而是讓你知道你得衡量局勢，能屈能伸。

但這些智慧，不是要你卑躬屈膝，委曲求全，而是要你仔細想想：「如果你不想卑躬屈膝，那你還可以怎麼做？」

其實每個人都是有所選擇的，你不敢做出選擇，沒能力反抗，又不願卑躬屈膝，那在這社會上混得不好，說實在的也怪不了別人，因為這個世界一直都不是繞著你運轉的。

小白在書中提到，她特別佩服那些能拍老闆馬屁拍得很好的人，因為他們把這件事做得很好，這是這類人的生存之道。如果你不想拍馬屁，又希望混得比他更好，那你就得拿出本事來，你沒本事贏過他，又不願拍馬屁，只懂得怪你主管寵馬屁精，那對解決你的困境是沒有幫助的。

當你能靠實力贏過拍馬屁的同事，當你能挺直腰桿把錢掙了，當你能在面對各種職場不公不義的事情時從容應對，當你永遠掌握選擇的權利而非被選擇時，你才會活成自己滿意的樣子——一位縱橫職場的神獸。

這本書會打破很多你對職場的既定觀念，過去職場的舊觀念教你循規蹈矩做事：要服從上級指令、不能拒絕老闆的需求、要學會討好老闆跟同事，如果你對這些事情都是被動接受，而沒有試圖找出互利同贏的解法，也沒有尋求談判機會，那你會把自己活成一隻任人擺布的社畜。

但是當你有目標，知道自己要什麼，也願意搞懂職場的遊戲規則，懂得盤點自己的籌碼，也思考過自己的底線在哪，用腦袋而非憑感覺去面對你所遭遇的每件事，你的角色會從被支配的棋子，漸漸變成可以看懂局，能布局跟他人對弈的棋手。

贊同推薦

小白本身的經歷真的可以出好幾本書，她將親身經歷轉換成職場建議讓人心有戚戚焉。讀時暢快但知易行難啊！要能像小白最終將負面能量變成正向並自我養成神獸應該是條漫漫長路。小白除了出書提供修練心法，她的「工作生活家」更提供一個平台讓我們互相交流學習，很開心有好朋友能將「工作賺錢」變成協助他人，也希望不管老少都能從書中有所獲得！——Lenovo台灣總經理　林祺斌

第一次認識小白姊時就有點被嚇到。她太酷、太直接、太不傳統了：但這就是她為什麼可以寫這本書！因為世界已經不一樣，職場已經不一樣，我們需要新的思維來

面對這個殘酷的世界。而答案就在本書中。——VERSE創辦人暨社長　張鐵志

作者筆法剽悍，針針見血，而故事情節宛如真人實境秀充滿臨場感、絕無冷場，時而令我手心出汗又時而令我笑到噴飯。此書堪稱為新時代職場厚黑學的一本代表作品！——《內在原力》作者、TMBA共同創辦人　愛瑞克

小心！這本書會讓你上癮！明明你在閱讀，卻像在打電動。跟著主角小白姊，誤闖職場叢林，被妖精偷襲、被魔龍輾壓。本想登出遊戲，卻墜入溪谷，發現岩壁上的職場劍訣，潛心修練。再次出關，你用「同理」看見妖精背後的傷，用「談判」從魔龍爪中得到寶藏，還用「生活」拿回人生的主導權。我必須說，《職場神獸養成記》是我讀過最酣暢淋漓的職場攻略書！小白姊字字血淚、句句扎心，就為讓你我擺脫社畜思維，迎向神獸人生。——暢銷作家／爆文教練　歐陽立中

身為人資，我常覺得有許多人即使工作多年，其實仍然是未成熟的「工作巨嬰」。不知在職場如何趨吉避凶，不知在職場如何掌握主動性，更不知在職場如何建構有效的支援網絡，讓自己不明不白的成為了別人口中的「社畜」。而白白協理的這本新書，以其自身豐富經歷出發，酌以深刻的人性洞察，道盡許多人在職場良久，仍然摸不透的明規範與潛規則，提供了我們在進化為成熟獨立的現代工作者（職場神獸）的路途上，一本難得的心法指南。——「人資小週末」社群創辦人　盧世安

協助小白姊開設多堂談判課程，也曾見證他在會議中安撫即將暴怒的野獸，靠自己的學習能力轉換不同角色，完全理解她為什麼能在容易內傷的外商世界站穩腳步，她的書跟她的人一樣，直接好讀，也讓我領悟到，成為職場神獸，不是要你飛天遁地扛下所有難關，而是能讓你在職場上過得自在，遠離麻煩，靠近機會，成為職場上最自由的人。——生鮮時書創辦人　劉俊佑（鮪魚）

目錄 **Contents**

〔Part 1〕

主管都是鬼?!

〔Part 2〕

同事是賤人?!

〔Part 3〕

變身神獸職場談判術

〔Part 4〕

我是工作生活家！

目錄

Contents

〔前言〕

社畜必死，變身神獸才能一輩子有錢賺

上班族在自己身上加註「社畜」的標籤，日復一日催眠自己，在主管面前我是一隻毫無反抗能力的小貓、小狗，八字好遇上善良的主人，就能專心當一隻乖巧又快樂的寵物；若是倒楣遇到以虐待動物為樂的反社會人士，不僅是出氣包還得要搖尾乞憐裝可愛，深怕觸怒主人，轉眼就成了餐風露宿的流浪動物。

你當真相信自己在職場中沒有價值，只能當一隻苟延殘喘的畜牲？

你當真認定自己毫無談判的籌碼，職涯發展只能任人宰割？

大錯特錯！

是我們自己無可救藥的僵固心態，讓社畜標籤死死地黏在身上，我們是社畜劇場的編劇，也是演員，主角的人設就是一隻毫無選擇權的可憐蟲，母胎自帶一種逆來順受的性格、配上雞肋般的技能及勉強夠用的能力，一筆把自己寫死成悲劇英雄，只能蜷曲在職場食物鏈的最下層，苟且偷生就好，不敢奢望能夠為自己爭取更多。

為了在M社活下來，我曾經把自己活成一隻綜合性寵物。工作時間是拉布拉多，依據不同情境，要能立刻變身導盲犬、緝毒犬或是搜救犬，只要主人派任務，莫管是不是本職工作的範圍，使命必達才是王道。私領域要做一隻牧羊犬，主人出差後想旅遊，我要做計畫；主人要補充營養，我得燉雞湯，還要送貨到府。主人煩悶無聊時要告訴自己是玩具貴賓，陪吃、陪喝、陪玩，還要逢迎諂媚兼伏低做小。

像我這樣功能俱全又乖巧聽話的畜牲，應該可以永保安康吧？但意外總比明天先到，主人有難，正字標記的畜牲必須自動自發當犧牲打，但骨子裡我們是員工啊，領的是企業的錢，應當解決的是公司的事，曾幾何時我們自甘墮落成了匍匐在某一人腳下的社畜？

坐在HR主管的辦公室裡，我先開口：「我是依照老闆的指示辦事，無法反抗她。」我抬起頭，可憐兮兮地望進HR主管的雙眼：「她掌握我的生殺大權，你認為我有權利說不嗎？」HR主管雲淡風輕地接口：「不是做過教育訓練嗎？遇到這種事，員工有舉報的責任。」

嗯，我懂了，企業不鼓勵員工當畜牲，至於自己扛不住老闆的壓力，為了避免衝突便宜行事，最後東窗事發被老闆推出去當揹鍋俠是活該。

與HR的一席話，瞬間打通了職場的任督二脈，至今我仍感謝讓我揹鍋的主管，謝謝她在我還夠年輕，心臟還承受得住，還來得及改變的時候，狠狠地用西瓜刀捅死了人云亦云、自以為乖巧聽話就能領到薪水的傻白甜。

乖巧聽話是太平盛世騙自己的幹話，真的乖就是要黯然地被主管逼走，落實畏罪潛逃的罪名。主管那麼認真花了五天時間，每天下午抓我進辦公室罰站兩小時，從工作態度到穿著髮型，都可以找出碴來罵，然後在週五下班的時候請同事來勸我：「這麼辛苦幹什麼呢，不如離開吧。」

該逃嗎？

老闆已經下了格殺令，若能僥倖留下，前路也註定布滿荊棘。但壞事不是我做的啊，我唯一做錯的事是蠢，蠢到讓腦子被莫須有的恐懼吞蝕，蠢到相信鄉野傳說把主管奉為無所不能的佛地魔，蠢到忘記職涯是自己的，我才是這家個人公司的CEO，成功或失敗，所有的後果都必須一力承擔。

遇到挫折就捲鋪蓋逃跑，會成為慣性。這一次我打不過魔法世界的佛地魔，逃到另一個地方，很可能會遇上可以調動銀河帝國風暴兵的黑武士，遇到反派就想逃，走不完英雄之旅，就沒有辦法成就波瀾壯闊的職涯與人生。

我選擇不逃，不求戰，但也不畏戰。

故事的結果是我繼續在M社工作超過十年，艱困的過程讓我醒悟「**社畜必死**」，於是我放棄了大樹底下好乘涼的不負責任想法，硬生生地蛻去了社畜的皮，幻化成一隻有明確戰鬥技與任務屬性的神獸。

什麼是神獸？青龍、白虎、朱雀與玄武鎮守一方，鎮邪除魔、調和陰陽，放入現代職場理解就是「專家」。

職涯是一場馬拉松，討好特定的主管以求生，是無效的時間投資，逢迎特定的人不是可累積或可轉移的技能，這個人也無法保障你一輩子的收入，若不想被未來的職場淘汰，請把時間與精力投資在變成神獸的修煉上。

我曾是終日愁眉苦臉地社畜，自以為生殺大權掌握在主人身上，只因為狗急跳牆的瞬間，體會到做不做畜生是自己的選擇，就此展開神獸的英雄之旅，現在的我還在同一間公司上班，心境卻天差地別，我有專業，我有選擇權，在專業領域獲得尊重的我，可以把工作與生活規畫成我喜歡的樣子。

你呢？你相信自己可以有選擇嗎？社畜或是神獸，就在一念之間。

Part 1

主管
都是鬼?!

有一位從事業務工作的大叔朋友，資歷深、能力強，生意做得風生水起，為公司開疆拓土的同時，也賺到盆滿缽滿的業績獎金。除了錢，還從工作上取得極高的成就感，業務一哥的標籤讓他在資訊業界走路有風。

改朝換代後一切都變了。

新老闆擺明了不喜歡他，明裡暗裡處處針對，同事間漸漸傳出耳語：「老闆要弄死他。」

謾罵、威脅、雞蛋裡挑骨頭等等暗黑招數層出不窮，每次績效面談都被飆到體無完膚，原本意氣風發的一哥，在老闆有策略地壓制下，變成一隻動輒得咎的驚弓之鳥。

他的臉上再也沒有笑容，眼神中充滿了驚慌失措。在一個下著雨的午後，他約我喝咖啡，愈說愈傷心：「我還是用同樣的方法做事，也還是能夠超額完成業績，真搞不清楚老闆為什麼不喜歡我，我已經放棄尋找答案，就低調點做人，只求不要被罵就好。」接著這位大叔留下了委屈的眼淚。

其實老闆不喜歡的不是「你」，老闆不喜歡的是「感覺能力比他強的人」。

看起來像一隻刺蝟的主管，極度的易怒，情緒化是最常見的評價，你以為他是賀爾蒙失調，背後的原因卻是缺乏自信心。當部屬有自己的看法或是對主管的指令不清楚想要進一步提問時，立即引爆心中「你是不是看我沒有」的地雷。

這類型的人通常有嚴重攻擊性，很難用正常人的方式好好說話。他人無心的一句話會被沒有自信的哈哈鏡扭曲為挑釁或是侮辱，凡事皆往對方意有所指的惡意去發展。

美國心理學家Anderson與Dill提出「敵意歸因偏誤」（Hostile attribution bias），他們藉由實驗證明有攻擊人格特質的人，傾向把模糊的人際互動解讀為敵意，感受到威脅就是要狠狠地反擊。

這樣的主管通常都要與一位低度危脅性的下屬搭配演出，這也是茶水間的熱門話題：一位無能力、無專業、甚至無大腦的三無魯蛇，為何會成為老闆身邊一等一的大紅人？

「因為他乖啊」，老闆交付的任務閉上嘴乖乖做，是否完成任務不重要，每天照三餐跟老闆報告進度，有如小蜜蜂把外界的資訊一五一十跟老闆分享，再有如禮物一般將私生活完全對老闆攤開，連晚飯應該要吃什麼，都會請老闆幫忙拿個主意。這樣貼心的人，用自己的「魯」襯托出主管的英明神武，熨貼了主管那顆缺乏自信的小心臟，怎麼能不放在手心裡疼呢？

這樣的主管是可憐鬼，或許他學生時代就是一朵存在感極低的壁花，常常被女王般的制服美少女奚落，又或許他常常考試不及格，親朋好友聚會時，在學霸堂哥、堂姊面前抬不起頭來。他心裡還活在過去，還是那個無能為力的小可憐，每一回看到自信滿滿的人，都會聯想到被欺負的黑歷史，傷口再次被血淋淋地撕開，一輩子都無法癒合。

很多人會遇上這樣有創傷的主管，給你三個建議求生存：

① 不要以為自己是麥肯錫顧問，總想著要在開會刷存在感，給即時、中肯的建議。**絕對不可以在公共場合反駁主管的意見，也不要打破砂鍋問到底，**那是皮癢最終極的表現。

② **匯報、匯報再匯報，把自己當成小學生。**每天都要寫家庭聯絡簿，不僅僅要記錄工作事項還要與主管推心置腹地寫出每日心得，讓他有信心抓得住你。

③ **時刻注意自己的聲音與表情，降低威脅性。**我也曾為攻擊指數破表的主管工作，進會議室前，我都會去化妝室對鏡練習微笑一分鐘，調整好心情，帶著溫婉的微笑去面對怪獸。

很累吧？

傷心的大叔忍了一年，忍出了免疫力失調的問題，毅然決然另謀高就，跨界到完全不同的產業，再見他時，又回復了意氣風發的模樣。

遇見鬼，驅鬼技能還不到位？命比較重要啊，打不過就趕緊想辦法換個沒有妖魔鬼怪的風水寶地吧！

爲了不專業的主管，放棄好工作值得嗎？

有位女孩帶著星巴克抹茶拿鐵到M社找我，她被主管逼到快要窒息，想要換工作，卻因為近期三個工作的年資均未滿一年，被HR質疑穩定度不夠而處處碰壁。她把履歷推到我面前，問我應該怎麼辦？

我問了每次遇到職場小白的標準問題：「你想要什麼？」

她說：「我希望可以跳槽到品牌端做行銷。」

她的目標是一個有大把大把候選人讓HR精挑細選的買方市場，穩定度問題的確讓履歷賣相變差，這個天缺必須要勇敢面對，進而採取曲線救國的策略。

讓我更感興趣的是她為何不喜歡現在的工作，公司的招牌響噹噹，發揮的空間也大，應該可作為累積職涯資本的墊腳石。

又是因為主管的問題。

她口中的主管在專業上一竅不通，偏偏又沒有安全感，要求員工每一件事都要鉅細靡遺地報備，等太后娘娘核可後才能執行，向上管理的流程無限長，待辦事項要等到下班之後才有時間消化，加班加到懷疑人生。

女孩覺得自己母胎帶煞星，為何每個工作都遇到極品主管，若想要履歷好看，咬牙打持久戰，就得虐待自己的身心靈，人生為什麼那麼難？

她抬起頭用茫然的雙眼望著我：「我不禁懷疑到底是那些主管的問題，還是我的問題？」

主管有沒有問題一點也不重要，千萬不要為了矯情的人離開一份可以引領你逐步接近職涯目標的工作，我給女孩兩個建議。

第一個建議是，**提出正確的問題才會有正確的解決方案**。

很多人不敢對自己靈魂拷問，不敢面對自己的脆弱；提出一個正確的問題猶如開了一扇機會之窗，在思考的同時，窗外的風景已經從黑白兩色的是與非轉化成色彩繽紛的多重選項。女孩的問題不應該是「我該不該離職？」而是「如何為自己擘畫一張職涯地圖」，標出通向品牌行銷的道路。要不要離開現職的決策依據，是這份工作能不能幫助你累積品牌行銷工作的技能、專業與人脈。

我在M社用了十年的時間伺候極品主管，霸凌、恐嚇、謊言與威脅是辦公室的日常，但我沒有選擇離開，因為我很理智地用現代談判的原則「**把事與人分開**」，在M社站在巨人的肩上看世界，可以讓我培養高度與廣度，更別提隨之而來的人脈網路。更何況M社還是一座學習寶山，定期更新最前沿的知識，

“All you can eat.”，為什麼要為了一位人生過客，放棄這些優勢？

我可以理解你的自我懷疑，可以同理你每日面對主管張牙舞爪的悲憤，人非草木，都是有情緒的。我曾在機場的候機室裡崩潰大哭，還曾衝動到想要買兇器把霸凌我的主管拖到山上去毒打，但我從不曾停下學習的腳步，也不曾選擇對主管棄械投降，任由不專業領導專業。在修業的路上，不靠譜的主管與同事都只是影響你堅毅地朝目標前進的雜訊，不用理會他們，等你準備好，天時、地利、人和會讓你蓄積的能量一次性大爆發。

第二個建議是，**不要把主管當敵人，要想辦法讓他成為你的夥伴**。

上班族把自己推到主管的對立面是一件很愚蠢的事，形勢比人強，這個人就是可以讓你歡喜讓你憂，你偏偏要討厭他，還要討厭到被他看出來，不是找自己麻煩嗎？勞基法沒有規定你要跟老闆做朋友，你不喜歡他，但可以共事完成任務就叫做專業。

女孩抱怨主管不懂數位行銷，總是給不專業的指令，讓她無法累積轉職面談時拿得出手的作品。我請女孩舉例，她說主管看到其他粉專只要跟小貓小狗有關的貼文就能吸引粉絲按讚，要求她多做跟可愛動物相關的貼文設計，女孩覺得寵物與企業形象不合，又不敢反駁，所以做的心很累。

我問她：「請問貴公司是有品牌聖經寫出來寵物與企業形象不合嗎？」

女孩愣住了，停頓了三秒才回答：「並沒有什麼規定，是我自己這樣覺得。」

我接著問：「那有沒有可能把寵物這個題材做的很高級，高級到符合你心中的企業形象？」

女孩說：「仔細地想也不是不可能。」

這世界上最難的事就是把自己的想法裝進別人的腦袋，期待每位主管都是伯樂，都懂得信任專業不切實際，與其當位革命家，妄想把老闆的價值觀砍掉重練，最後壯烈犧牲，不如做都市規劃，就地重整成就一番新氣象。

我跟女孩說，就從寵物開始，每一次的貼文就加入少量你認為應該要有的新元素，在匯報的過程中把新觀念植入主管的腦海，讓主管不知不覺地成為協助你達成目標的夥伴。

得償所願的過程需要很多貴人拔刀相助，而談判腦就是管理這個過程最需要的思維方式，「當你想要一個人去做或不去做某件事，談判就會發生。」邁向目標的起點都是與自己的談判，說服自己不要恐懼、不要陷入我執，然後勇敢的去要。得到你想要的東西，不需要從他人手上搶過來，把過程中出現的關係人想像成夥伴，把對立的賽局轉化為互惠的合作。

女孩闔上筆記本說：「謝謝你，我需要回去想一想。」

破除我執很難，但突破之後能夠獲得凡事皆操之在我的超能力。生涯目標在前方，地圖拿在手上，你只需要向前邁步而已。

沉默是金？閉上嘴的團隊將掐死所有的商機

主管志得意滿地佔據會議桌的頂端，主持會議效率超級高，每項提案都是無條件通過。團隊成員乖巧不囉嗦，就算偶有白目提出意見或要求，總能三言兩語打發。一路過關斬將，掙來一個管理職，若不能用Position Power（職位權力）來服眾，那有什麼意思？

再將聚光燈轉向會議室裡的小嘍囉們，有人已經翻了無數個華麗白眼、有人專心在消滅收件匣裡的待辦事項、有人一臉呆滯下一秒就可以昏睡，總之沒有人想要主動積極地參與議題討論，為什麼？

當主管很主觀、自以為好棒棒、好聰明、好有經驗，天底下沒有人可以提出比自己更好的意見時，部屬保持沉默的理由有兩種：

①台灣人的教育告誡孩子有耳沒嘴，安份地做沉默的大多數才能在職場永保安康。我們目擊一位又一位心智發育尚未成熟的勇士，為了堅持做對的事而直言無諱，得罪主管的下場就算不是立即處決，也註定了與升官加薪無緣。所以大家都理智地選擇趴著，才不會中槍。

②曾經有熱血的勇士們，一次又一次的碰壁，漸漸地就會感到對改變現況無能為力，既然做什麼樣的努力都是白費，那就放棄吧。這樣的心理狀態稱為「習得性無助」（Learned Helplessness）。

二十世紀七〇年代初期，美國賓州大學心理學家Martin Seligman找來一群小狗做實驗（這樣虐待狗狗真的很不ＯＫ）。

第一階段的實驗把小狗分成三組。

第一組小狗不施與電擊。

第二組小狗進行電擊，但小狗可以用鼻子觸碰槓桿關閉電擊。

第三組小狗進行電擊，但牠們沒有任何機制可以停止電擊，只能選擇忍受。

第二階段的實驗則是把小狗移到一個特殊的籠子，籠子設計成兩個區塊，一塊通電，另外一塊沒有電，中間有一道小狗可以輕鬆躍過的隔板。實驗人員把小狗都放在通電的區塊，開啟電源開關後，第一組跟第二組小狗縱身一跳就逃到沒有電擊威脅的另一側。第三組小狗沒有逃，反之，牠們開始哀鳴，緩緩地倒在地上，默默地承受著習以為常的電擊。

這就是讓積極心理學之父Martin Seligman一舉成名的習得性無助實驗：

「當過去的經驗，讓人感到無望、無助與無可奈何，自然而然就會放棄改

變負面情境的努力，選擇逆來順受、隨波逐流。」

當整個團隊都從與主管共事的經驗中習得性無助，放棄任何可以讓組織變得更好的嘗試，吃虧的是誰？

我有一位合作夥伴，她最近很沮喪，每天都加班到九點、十點，拚盡了全力仍然無法完成主管交付的業績目標，我問她業績無法達標的關鍵因素是什麼？

她嘆了長長地一口氣：「人力不足啊，公司的系統不健全，每一個環節都需要人工，沒有足夠的手腳，進度就不停落後。」

那為何不要求公司增加人力呢？業績加了50％，人力就算不能等比例增加，也應該要隨著工作量調整吧？

她再度嘆了一口長氣：「別提了，老闆根本不願意面對這個問題，他認為人力不足是不願意想辦法突破的藉口。他說要加人可以，先把業績做到再說。」

不就是人力不足讓你的團隊做不到業績嗎？

「那又如何，老闆聽不進去，也不願意討論，我不想浪費時間去鬼打牆，反正逼死我也做不到，那就資遣我吧，拿一筆資遣費，休息一下再出發。」

這是一個雙輸的遊戲。員工選擇閉嘴，但心裡難受，懷抱著憤怒、委屈、無奈等各種負面的情緒，冷眼看著主管做錯誤的決定，而不出言提醒。安隆（Enron）、世界通訊（WorldCom）這些已編入MBA教案的企業醜聞，都是無數習得性無助的員工，事不關己地漠然旁觀，從微小的錯誤逐步累積而成的龍捲風暴。

主管們醒醒吧，團隊變成一言堂，不是因為你有真知灼見也不是因為你才識過人，一半的人是畏懼你，另外一半的人是懶得理你，不管哪一種沉默，都會讓未來的商機窒息在無邊的自大裡。

員工也請不要認為只要乖乖閉嘴就能在公司裡苟延殘喘，被動的人無法在現職中創造增強職場品牌的亮點，也無法累積可轉移技能，不能向前走的人，只能與你討厭的主管與企業一起沉沒。

很多人怕主管，恐懼的程度遠遠超過遇見鬼

有一位前同事口條好、資歷豐富，業務能力也很強，卻運氣不好遇到一位EQ很差的主管，罵起人來完全不留情面，我問他反正你業績都能達標，幹嘛怕老闆跟怕鬼一樣，搞得吃不下飯，睡不著覺。

A說：「你不懂啦，他真的很恐怖，怪招很多，只要不聽話，多得是方法把你往死裡整。」

B說：「其實我也不是怕，反正有理說不清，那就把嘴巴閉上，聽話辦事就好。」

C說：「何必跟錢過不去，不要惹事生非就可保住飯碗，俗仔一點也不會少塊肉。」

每個人的回答都雲淡風輕，但事實真的是這樣子嗎？一位頂天立地的成年人，在公開的場合被霸凌、謾罵、羞辱、威脅，只要有錢領就無所謂？究竟是害怕權威，還是怕認清自己的實力與毅力鬥不過權威？你懷疑自己進而懷疑人生，最終選擇一條打落牙齒和血吞的路，忍出了一身的病，等你老了，心理肌力鬆弛了，憂鬱症再如大浪般襲來，來不及回神已經滅頂，連呼救的機會也不留給你。

若是一個不小心，誤入了職場的蘭若寺，「畏懼」是最愚蠢的選項，畏懼的潛台詞是不尊敬與不認同，你臉上的微表情，身體的微動作會被修煉千年、敏感的不得了的老妖察覺，他洞悉了你蒼白的反叛以及滔天的膽怯，為了掐熄那微弱的革命之火，老妖們會變本加厲地玩弄你七上八下的情緒，直到你打心裡臣服。

老妖不是一天修煉成精，他們是暗黑談判的大師，善於製造壓力與衝突挑動大腦的杏仁核，激發人類戰與逃的原始天性。

在職場的蘭若寺求生存，只有兩種角色可以扮演。

鼓起浩然正氣，挺起脊梁做個燕赤霞，蘭若寺不屬於老妖，他只是盤據了陽光照不盡的角落佔地為王，若我們也能虔心修練，把技能值、魔力值衝到滿點，為什麼要怕邪魔歪道？再強調一次「蘭若寺不是老妖的」，他只是善於用恐懼佈建的障眼法逼你就範或逼你走人。

與其哀哀怨怨地跟朋友討論這樣亂七八糟的人怎麼會變成主管，質疑公司的價值觀，不如相信邪不勝正，破除恐懼與憂慮的心魔迎難而上。**打怪的過程很崎嶇，生命值會受損，但經驗值會提升，人生短短，何必活成一個畏畏縮縮的龍套，不如壯大自己為仗劍逐魔的主角。**

不敢打，那就扎扎實實地跪下，百分百臣服於老妖，從此再也沒有是非善惡、曲直黑白。

老妖不想弄髒手的事你代勞，老妖不想說出口的事你是解語花；老妖心情不好，你罵不還口；老妖心情很好，你曲意承歡。只要老妖不倒台，身為心腹的你就是蘭若寺裡的地下總管，與老妖一起奴役著被恐懼制約的小鬼，享受著他人辛勤工作的果實。

兩樣都做不到？

蘭若寺裡若是找不著你深愛的聶小倩，那就快逃吧，不要在無法累積職場能力與聲譽的地方浪費生命。我們沒有簽下賣身契，就算工作的意義只是為了每個月領到錢，也要讓主管搞清楚，上班族販售給企業的東西是專業與時間，而不是尊嚴與身心靈的健康。

主計處統計台灣人平均一生換七次工作，換句話說，工作者不可能一輩子跟著同一位老闆，既然如此何必在過客身上浪費哭泣、療傷、抱怨的時間。**把生命用在把自己變得更強吧！新世代的工作者不是找工作，而是找收入，只要擁有持續創造工作的能力，就能在職場上成為一位有選擇的遊俠。**

壞主管比鬼更恐怖，工作者要小心才能避免上身

正在求職的朋友C帥氣地拒絕了一個知名品牌的工作機會，公司算是有前景，職務內容他也有興趣，但為了保險起見，C小姐花錢買了「面試趣」的面試心得，關鍵字搜尋之後不得了，在前輩的筆下，用人主管的變態程度直比穿著Prada的惡魔，朋友說：「工作不就是賺個生活費，沒事找事往火坑跳，不小心薪水就會成了醫藥費。」

經營「工作生活家」社群後，都跟著新世代工作者一起混，認識很多有趣的新玩意。我輩中年找工作，只能求助親朋好友打探敵情，有了面試趣對求職

者有保障多了。出於好奇心，研究了他們的網頁，企業使命好佛心啊，要用「資訊對稱翻轉求職市場」，讓求職者少走些冤枉路。

需要多麼深入的資訊，才能影響一個人是否接受工作機會的決策呢？曾有一位好朋友請我介紹工作，當時我很負責任地揭露用人主管種種誇張行徑，她還是決定要來上班，結果是三天就陣亡，從此與我不相往來。

故事的主人翁是資訊業界的前輩，在孩子進入小學時辭職，專心地陪孩子成長，若干年後決心重回職場，特別約我一起吃飯，打探工作機會。剛好我所在的事業單位就有一個通路行銷的職缺，如果她有興趣，以她的資歷與能力，絕對可以勝任，我也樂意舉薦。只是用人主管真的很恐怖，有如女王般高高在上，下屬必須卑恭曲膝地匍匐在腳邊，任由她不穩定的情緒上沖下洗，朝令夕改把團隊搞得團團轉，常常需要為了彌補錯誤的決策而加班，就算回到家也不能休息。深夜十一點的電話是常態，當主管突然想到天馬行空的點子，不管何時都得含笑接招。

環境很艱困，不是常人可以存活，我足足花了一個下午的時間，把一個又一個真人實境血淋淋的故事說給她聽，講到口乾舌燥，然後問：「真的很恐怖喔，你還想要來嗎？」

前輩悠悠地嘆了一口氣：「小白，還有什麼場面是我沒見識過的呢？離開太久了，只要有重回職場的機會，我都會滿心感激，不過是人的問題而已，我搞得定。」

我也相信前輩見多識廣，應該游刃有餘，於是我送出了前輩的履歷。面試的過程十分順利，兩週後前輩成了我的同事。

第一天上工主管就帶著前輩公出逛大街，盛況如同張清芳退出歌壇後復出的「芳華盛宴演唱會」，經銷商老闆難掩熱情地跟前輩寒暄，紛紛表示有像她這樣的高手來負責通路，絕對是如虎添翼。正常的環境下，有高手加入團隊提升戰力主管會放鞭炮慶祝，前輩運氣不好，她忘記了我說過的故事，行事不夠低調，第一天上班就埋下了禍根。

回到公司，前輩就被叫進了小房間進行思想改造教育，主管提出很多的問題請前輩提出解決方案，再嚴詞批評，直言不要以為可以用經驗上班，那些經驗都過時了，要她虛心的學習，才能重新開始。

等前輩從小房間劫後餘生，我連忙去安慰她，前輩拍拍我的肩膀：「沒事的，我沒有那麼脆弱。」

前輩上班的第二天，我去外縣市開會，當晚我接到她的電話，足足講了一個多小時，前輩說她被主管整整罵了一天，不管她做什麼主管都有意見，每一件小事都被嫌到體無完膚，在電話的另一端，她哭了：「小白，我真的不覺得我有那麼爛，那麼糟。」而我只能沉默，找不到適當的語言安慰她。

第三天前輩辭職了。她對我很不諒解，一整個下午的苦口婆心，她仍然認為我沒有充分揭露主管的真面目，沒有拚死阻止她跳屎坑，讓她無端地遭受了兩天的屈辱。從此前輩從我的朋友圈中消失，再也沒有跟我聯絡。

馬雲說員工離職的原因很多，但都是檯面上的理由，真正的原因只有兩個：「錢，沒給到位，心，委屈了。」

遇到一位好主管，對工作者而言就已經成功了一半，遇上不好的主管，我跟你保證絕對比每天吃到大便還噁心。千萬不要不信邪，就職前一定要充分掌握關於「人」的情報，然後不要鐵齒，**不要以為自己可以忍受或改變爛人，你有看過渣男被真愛改變嗎？江山易改本性難移啊。自己的一顆心，請好好地珍惜，不要白白送給不相干的人蹂躪。**

一位好的領導者，能讓一群人好好生活

有沒有遇過一種主管，千錯萬錯都是部屬的錯，整個團隊在他的口中是白癡、畜生與垃圾的大集合，幸好有他這位彌賽亞，用大智慧即時修補所有的缺失，更了不起的是還兼有大慈悲，讓一群毫無貢獻的豬，在他寬廣的羽翼下保有工作。

有一回我被叫進小房間開閉門會議，進門前我很確定主題與我無關，扮演的角色是充場面的人形立牌，因此心情非常輕鬆。

推開門氣氛無敵肅殺，老闆已經啟動鐵肺開關在咆哮，先罵業務頭是智障，新產品上市連通路的狀況都無法掌握，再罵PM是白癡，上市活動規劃得奇爛無比，消費者根本搞不清楚活動是什麼。我也揪著一顆小心臟看著他的嘴巴開開闔闔，心裡在想：「他們的上市計畫不是跟你報告又修正，修正再報告一百遍了嗎？」

最後老闆雷霆萬鈞丟下一句話：「既然你們那麼無能，以後你們的團隊都直接對我，我來做給你看。」氣呼呼地叫灰頭土臉的當事人們，與像我這樣的吃瓜群眾滾出辦公室。

當下我其實很想問一個白目問題：「請問是誰招募這群白癡、畜生與垃圾？」

面對問題通常有兩種困局：

① **無力解決**：例如日本九州的水災，是因為極端氣候造成的暴雨遠遠超出水利系統負荷導致的結果。天災無法掌控，如同從他人手中接管一個既有的

團隊，主管在初期無法控制人員的組成與水平。

② **無能解決：**天災過後，政府會因應暴雨修正防洪設施，建立警報系統提前疏散民眾，因此當同樣等級的天災再度發生，卻還是造成同樣的傷害，那是無能之過。如同主管接管團隊到了一定的時間，該換的人也換了，該調動的職務也調了，依然無法發揮應有的戰力，這是主帥還是戰士無能？

我們都是人，都有爬蟲腦「戰與逃」的本能，當錯誤發生時，第一時間我也會想要找個人來究責得以好好過日子。

但理性尚存，我知道怪罪別人時，除了自我感覺良好，其實沒有半毛錢用處。被怪的人會怨憤，乾脆繼續擺爛，看熱鬧的人，心中則冷冷地反諷：「作為主事者，難道你沒有責任嗎？」

作為一個Leader，不管你領導的是任務還是人物，都必須要有一夫當關的自覺。是我沒有洞燭機先，是我沒有戰略布局，是我沒有給團隊足夠的糧草與子彈，是我自己王八蛋下錯指導棋。先承擔起「認錯」的痛苦，才能擁有足夠的動力去反省，最後生成養分修復受損的細胞，找出真正有效的解決方案，讓自己與團隊比昨天更進步。

請所有年輕朋友除了學習硬技能外，務必要培養自己的領導力，做一位有智慧的工作者。有官位而無智慧，只有自己一個人好好生活，但成為一位有智慧的領導者，將可以有力量讓一群人好好生活。

每天早上通勤的時候，你心裡在想什麼？事情還沒做完，或是做得不好，進辦公室又該挨罵了；還是有什麼專案發展得很不錯，昨晚在洗澡時想到了優化的方向，希望可以趕緊跟主管提案，幹一番大事？

團隊成員積極還是消極地面對工作，主管要負絕大部分的責任。

管理學大神Peter Drucker認為主管若是專愛找部屬缺點，就會造成少做少做、不做不錯的組織文化，並讓成員養成爭功諉過的習慣，破壞合作的氛圍。

真正卓越的領導者，對部屬的溝通是激勵而不是究責，在與員工溝通時，會問自己以下問題：

①**這個人的長處在哪，什麼領域他確實表現得很好？**

②**他還有可能在哪些領域發揮所長？**

③**為了充分發展他的長處，應該再學習什麼知識與技能？**

如果你剛好遇上了一位好主管，懂得欣賞你的優點，並協助你改善缺點，恭喜你！若你倒霉的要死，遇上命中的討債鬼，除了捲鋪蓋逃跑，何不嘗試當自己的伯樂？

我的外號是Shit Manager Collector，被公司內聲名赫赫，專門欺負、霸凌部屬的雙煞輾壓了十年。

別人眼中的創意是「叛逆」，批判性思考成了「意見多」，主動與外部單位溝通則是「不乖」。剛開始與這樣與眾不同的經理人共事，每天都是地獄般的試煉，車子開到公司樓下，就有一股想要U Turn回家的衝動。

該不該為了逃離怪獸主管而離職呢？回到進入這間公司的初心，我想要做的事，想要完成的目標，想要得到的東西，都沒有改變，既然一開始我並不是為這個人而來，那為什麼要為這個人而走呢？

我是為這間公司而不是那個人工作啊！

當我理性的決定「不逃」的當下順便開啟了腦中的靜音鍵，屏蔽負面的雜音。我知道在雙煞手下，不俯首稱臣混不出名堂，因此不將短期的職涯目標設定為升官發財，專心聚焦在充分運用公司的資源學習以及建立產業界的影響力，不貪圖短暫的成功轉而讓職涯可以多元發展且具備長尾價值。

我成了自己的教練，反覆地提問：哪裡做得好，應該要繼續堅持？哪裡還不夠，應該要學習？我是照顧自己心智花園的園丁，讓職涯發展只能由我自己決定的信念成為沃土，即便面對外界的疾風暴雨，我仍然可以期待枝繁葉茂、花團錦簇的將來。

有一位很優秀的前同事，面對十字路口時，他選擇了一條跟我不一樣的路，如今他已是某家通路的總經理。

好朋友的聚會不需要浮誇，叫上幾盤滷味就能把酒言歡，他說：「我很感謝當年的主管，他的無理取鬧磨光了我的稜角，讓我處事更加圓融。」

我也是啊！

如果不是雙煞給我設下極限挑戰，至今我仍是那個眼高於頂的小白，不會去深度學習溝通、領導力等能夠促進團隊合作的技巧，不會有同理心，不會想藉由利他達成共好的願景，不會有「工作生活家」社群。

謝謝你，我生命中的怪獸。

謝謝你精心地用荊棘幫我包裝珍貴的禮物，因為有你，我才能變成一個更好的人。

老闆對你的不公平，都是你縱容出來的

請問讀者們一個職場道德準則的問題：主管可不可以要求部屬做私事？親眼目睹或耳聞的實例就有幫老闆寫ＥＭＢＡ論文、準備斜槓兼課的教材，或是設計打造個人品牌四處演講的簡報。另外除了勞心還有勞力的款式，例如幫忙照顧小孩、小狗啦，假日陪伴寂寞芳心啦，搬家的時候做苦力等等。

我本人就是甲級受災戶，幫老闆做過的怪事聽過的人沒有不掉下巴的。老闆母親住院，嫌醫院馬桶不衛生，一通電話就可以遙控在辦公室追業績的我，放下手上的Excel表，立刻衝出門去買馬桶坐墊紙，再專車送到醫院。老闆不想媽媽吃太鹹，怕會高血壓，自己不會下廚也不想學，要求下屬最省事，因此我又成了假日廚娘，要會燉不能加鹽巴又美味的雞湯。出差累得半死不能休息，三更半夜老闆想要按摩，隨伺在側的我是理所當然的伴遊。

那個時候我覺得自己沒有反抗的能力，只能很不爽地接受，又擔心被人瞧不起，乾脆先自嘲是個俗仔，還發表了臭俗仔神功心法跟同事還有客戶分享：

神功第一重：不以做俗仔為恥

神功第二重：深以做俗仔為榮

神功第三重：與俗仔天人合一，世上再無小白

在我心裡主管是世界上最壞的壞蛋，而我是可憐的小白，只能出於無奈做一個俗仔，我對現狀極度不滿，卻因為深信情況無法改變，選擇默默忍受。

面對主管的情緒愈來愈負面，亟需要找到出口，於是只要有機會就抱怨，在茶水間跟同事抱怨、在咖啡廳跟姐妹抱怨、回到家跟老公抱怨。我以為可以

靠動心忍性，凡事包容、凡事忍耐，忍出撥雲見日的藍天，期望自己可以是虐心偶像劇的女主角，遇到狂、霸、跩的帥氣總裁，斬妖除魔，還芸芸眾生一個公道。

或許總裁還沒有出生。

今天是倖存者的我已配備了全身盔甲，那是曾經的遍體鱗傷結成的痂，因為有被怪打到半死不活再想辦法絕地求生的經歷，我可以當個「賢拜」，斬釘截鐵地告訴你：**遇到把部屬當自己雇用的長工，任意指使做自家私事的主管，你絕對沒辦法用忍的，負面情緒會慢慢編織成絕望的網，讓你愈來愈討厭這份工作，甚至愈來愈厭惡那個伏低做小的自己。**

主管希望你「無償」幫他寫ＥＭＢＡ論文，你心中吶喊著憑什麼，然而直白拒絕是好戲登場的熱對決，壓抑情緒是溫水煮青蛙的冷衝突，除了戰與逃之外，上班族有沒有第三種選擇？

其實我們最該學會的是應對這種自私鬼的方法。

他們一點兒也不認為要部屬做私事有什麼錯，對自己的行為帶給他人的困擾毫無自覺，一切彷彿如呼吸一般自然。因此沒有必要腦補對方成母胎壞胚子，或是逆我者亡大魔頭，**嘗試著把主管這個人，與要求做私人工作這兩件事分開，專注在「解決事情」，才能理性地找到困境的出口。**

老闆怎麼對你，都是被你縱容出來的啊，柿子挑軟的捏，最好是一壓就能出汁，多有成就感。如果不想再被逼著做長工或丫嬛，我們就一起來試著做三件事，學會抬頭挺胸說「不」。

一、即早設立邊界

有聽過「軟土深掘」吧？所有不合理的要求都有第一次，若這件事讓你感到不舒服，當下就要找好理由拒絕，年輕的我就是因為不想找麻煩，心中又埋藏著「討好主管升官發財比較順利」的迷思，讓主管嘗到甜頭，當私事超出我能負荷的範圍才開始拒絕，反而讓老闆更不爽的認為：「為什麼過去可以，現在不行？」

二、喚醒內心的勇氣

為什麼不敢拒絕？試著釐清自己到底怕什麼。怕惹老闆生氣，會被報復、被霸凌然後失去工作？這些事真的會發生嗎？我在被主管逼到狗急跳牆後，選擇硬起來捍衛自己的工作權，神奇的是，原本頤指氣使的主管，態度一百八十度大轉變，他發現原來我不是柿子，我是榴槤；原來有人被欺負是會反擊的，鼓起勇氣說出真相並表達實際感受，反而讓我真正聽到了心底的聲音，確認自己要從工作中得到什麼。勇氣產生的時刻是一個契機，讓我知道職涯是自己走出來的，從此一步一步將工作創造成我喜歡的樣子。

三、培養斷捨離的智慧

如果你的工作內容差強人意，對未來職涯發展幫助不大，薪水普普通通，隨便找都能滿足，建議你趕快打開線上履歷，再跟全宇宙說：「我想換工作，請幫我介紹吧。」把有限的生命跟怪怪的主管纏鬥，除了內分泌失調，拖垮身心靈的健康，不會有其他的收穫。

最後送給所有怕老闆的上班族神話學大師喬瑟夫．坎伯（Joseph Cambell）說過的箴言：「**在你最不敢探尋的洞穴中，藏著你最需要的寶藏**。」希望你可以為自己、為你愛的人挺身而進，用勇氣與智慧之筆，譜寫自己創作的結局。

我都做幾年了，為什麼還不幫我加薪？

只要有價值談判課，一定會有人舉手問：「要如何跟老闆談加薪？」

我想分享某位主管跟我說的故事，讓上班族了解你的對手在想什麼。

我朋友是中小企業老闆，給薪給獎都很大方，論功行賞絕不藏私，連後勤支援的單位，如設計、行銷等職能，都可以因為協助業績達陣得到獎金。但當會計小姐去要求加薪，他拒絕了，為什麼？

因為會計小姐要求加薪的理由真的很瞎，她跟老闆說：「我發現我的薪資跟業務同事們比較少很多，所以我希望可以加薪。」這位天真的孩子加薪談判的起手式就犯了老闆的大忌啊，人在江湖要了解行走的潛規則，同事的薪資是不能探詢的祕密，更不要說拿來當談判的籌碼了。朋友說重新要找人很麻煩，但這個薪絕對不能加，留下不好的案例，徒增公司治理的困擾。

工作者的價格跟所能提供的價值呈正相關，有人說：「我兩年沒加薪了，所以老闆應該加我薪。」鬍鬚張也是幾年沒漲價啊，為何喊漲價大家要爆氣？或是說：「某某被調薪，我也應該要加薪。」在同一間百貨公司裡，都在賣衣服，Giogio Armani 一件五萬，Giodano 一件五百，Giodano的售貨人員能不能說：「請你也用五萬元買我的衣服，不然不公平呢？」

上班族有個恐怖的迷思，自我催眠公司會照顧我，其實人力是成本，而且是最容易調控的成本，去觀察一下時事，企業出現虧損，短期的特效藥就放個無薪假，長期要止血，就是大量裁員，上班族想要從老闆的口袋掏出錢，得讓他感到「因為你值得」。

「值得」這樣的感覺需要時間醞釀，建議想要爭取升職加薪的朋友，不要等到年底績效面談時才提出要求，等著主管跟你一翻兩瞪眼。把加薪的談判視為一個過程，當你腦海浮現想要老闆幫你加薪的想法時，談判開關就應該要打開。因此升職加薪談判的起始點，要設定在年初提出目標的時刻，跟主管討論年度目標與計畫時，主動表明自己有心爭取加薪或晉升的機會，請主管提供指示需要滿足哪些條件，再主動邀請主管協助設計成長計畫，最重要的是要白紙黑字將結論寫在官方的績效考核表裡，並定期追蹤與老闆設定的階段考核會議。

一整年主管都是你徵詢意見的導師與互相合作達成目標的夥伴，當我們依循著主管的指導把任務完成，你就成了名師一手調教出來的高徒，幫自己使命必達的得意門生加薪，當然很值得。

職涯發展最重要的關鍵人物是自己，確認好短、中、長期，做好十足的準

備，記住要把老闆當成協助自己成功的夥伴，千萬不要一開口就把老闆推到了對立面。

古來英雄皆寂寞，養成習慣培養出對主管的同理心，學著用主管的視角來看事情，溝通無障礙，自然而然可以心想事成。

與其打聽新官是誰，不如先管理好自己

在外商公司，組織變動是不變的常態，在M社十五年的職涯中，我換過六位主管。

每一回改朝換代，空氣中總會瀰漫著不安、浮躁的氛圍。同事們都在探聽，新老大是個什麼樣的性子，重視什麼事，已經有過第一類接觸的人也不吝於分享他們的觀察，茶水間聊天話題的開場常常是：「老闆很關心……，我們要準備好……。」期盼可以在全新局面開啟的關鍵時刻，有個完美的第一印象。

向上管理是在職場生存很重要的一門學問，但應該如何管理？揣摩上意、曲意奉承是選項嗎？我家老公是一位萬惡的資本家，他常拿著資方的手術刀，凌厲地劃破上班族自以為是的幻想。他冷笑著說：「你們那種公司沒有老闆，大家都是打工的，只在乎自己月底領的那包薪水，拍馬屁沒用，你的Manager最想要的是你能幫他安安穩穩、長長久久地領到錢，不要惹麻煩。」

這真是當頭棒喝啊，要做好向上管理的第一步，與其四處打聽，尋找祕訣，不如先管理好自己，充分發揮專業，做好本職工作。老闆對我們而言是新的，我們不認識他，心裡很忐忑，但老闆也是接一項新的工作啊，全新的領域與團隊，他應該更加不知所措吧。

既然他是新人，何不主動出擊讓他了解我？不必忐忑什麼時候老闆會找上門，我跟他祕書要求了一次半小時的會談，協助主管系統性的理解我負責的業務、進行中的專案以及我們可以如何互相地成就。

與新老闆相處的起手式應該怎麼做，才能建立良好的第一印象？

①**盡快設定正確的期望值**：老闆承擔著組織的期待，想要大幹一場，心中已擘畫了美好的願景，但有可能與現實狀況有不小的距離，我們不是不能完成使命，而是需要時間與資源去逐步實現，讓老闆了解現況、策略及進度是建立信任的基石。

②**建立OKR（目標與關鍵成果）**：開口問與了解新老闆給組織的承諾、重視的領域是什麼？把KPI依照新老闆的期望值拆成OKR，盡快能夠在關鍵的工作上有成效，送老闆一個大禮包，讓他安心。

③**切忌墨守成規**：一朝天子一朝臣，每位領導者都喜歡合心意的團隊，若想要在新世代保住飯碗，就要積極擁抱改變，不要用「過去習慣怎麼做」跟新老闆對著幹。

在職場上管理好與他人的關係，要先建立起可以相互認同、相互理解的溝通模式，在與新老闆匯報時，把準備工作當成一個自我更新的機會，真的了解市場與生意嗎？目前的障礙是什麼，需要老闆提供哪些資源？在現在的職位上，我對公司有什麼價值？應該要爭取哪些可以持續學習的機會？更要積極傾聽新任主管的需求，理解他想達成的目標，判斷是否與我的職涯目標一致，再去修正未來與主管共事的方針。

新工作、新老闆，誰說在同一間公司待久了會安逸呢？正向地擁抱改變，就如天擇一般，因應環境的變化，產生新的技能，強迫自己快速成長吧！

加薪升職從來不是主管只憑好惡決定

談判桌上最大的敵人是誰？

「這不是廢話嗎？當然是對手啊！」這是大部分人的反應，於是我們陷入了零和遊戲的無間地獄，深信對方就是不安好心，是要來佔我們便宜的牛頭馬面，自導自演虐心偶像劇，對方還沒開口，被假想敵刺激的情緒已經滿到要從鼻孔噴出來。

與閨密每月維繫感情的咖啡時光，配著咖啡館慵懶的爵士樂，聽她分享了一個很瞎的故事。年度績效面談時，一位資深下屬提出了升職的要求，朋友委婉地說，每個部門升職的配額非常有限，能夠升職的候選人不僅績效必須超額完成，還要獲得其他部門主管的認可，才有可能擠進升級的梯隊中，以這位大姊今年的表現無法為她爭取升職，但也肯定她對組織的貢獻，因此會替她加薪。

下屬聽完之後，眼露凶光，惡狠狠地從齒縫裡擠出一句：「能不能升職，還不都是你們這些主管憑主觀決定的！」然後憤而離席。

職場不是攝影棚，正常的主管不會在部屬負氣走掉後，在大雨中呼喊他的名字，苦苦哀求他回頭，還要用三十分鐘拖戲，把心裡的話掏出來讓他知道好歹。正常的主管就是會在績效考核表裡粗體加底線載明「此員情緒管理與溝通技巧有問題，沒有領導潛質」。這位帥氣的主角，今年不能升職，明年不能升職，永遠都不能升職了。

朋友說他認同部屬是認真且有苦勞的人，但大企業裡就是有潛規則，升職的人頭有限，如何遴選有明確的規範，主管在組織裡也是員工，必須按表操課。朋友嘆口氣：「中階主管最倒楣，上有政策、下有怨氣，下屬總是怪主管不夠努力、不夠客觀，怎麼不想一想自己做了什麼，讓我可以有憑有據地為他們爭取呢？」

故事中暴走的主角可謂是賠了夫人又折兵，不僅沒有得到期望的升遷，反而在主管心中留下EQ太差的印象，職涯前景一片烏雲罩頂。

我講授的價值談判法則，第一步就是要「破我執」。把談判桌對面的那個人當成擋著地球轉的敵人，就是最大的執念，特別是工作者面對主管的職場談判，明明主管就是那盞可以滿足願望的阿拉丁神燈，你卻偏偏要在心中把他塑造成大反派，主觀認定主管跟部屬是對立的，永遠都神經兮兮地在戰與逃的陷阱裡找不到出口。

我們愛幫人貼標籤沒有錯，這是遠古祖先保命的重要本能，總是要能快速地分辨誰是王八蛋，才不會在面對毒蛇猛獸的時候，被人在背後捅一刀。因為本能是如此的強大，我們更要經由練習，提醒自己不是生活在步步驚心的叢林裡，深吸一口氣，從「我們可以合作喔」的觀點，重新審視眼前這個人，主動創造一個有安全感，可以互相信任，可以坦誠溝通的環境。

既然主管是為自己爭取升職之路上的夥伴，我們就不該讓他們為難，在面談之前先做好準備工作，讓主管可以有理有據，心甘情願地出門幫你爭取升遷的名額。

爭取升遷的談判要準備什麼呢？

① **請養成寫週記的習慣**。在你準備要跟主管談升遷之前的一整年，要把你完成的每一件事留下記錄，詳細寫清楚成果是什麼？自己的貢獻為何？不僅僅要記錄自己負責的專案，還要包括你幫助其他人成功的事蹟。千萬不要天真地以為老闆都會看在眼中，在面談時你會需要這些記錄幫助自己與主

管理解你有多麼優秀，絕對值得被公司栽培。

② **請不要給主管一個只能說Yes or No的單一選項**。設定目標的時候要深入探索自己究竟真正想要什麼？升遷是為了更多的薪水，還是對能力的肯定？抑或是想要挑戰管理職？釐清真正想要得到的利益，可以讓你與主管的溝通保持進可攻退可守的彈性。如果老闆真的沒有升遷的額度，你想要錢，主管可以退而幫你加薪；想要有成就感，他可以想辦法幫你拿個獎；想要管理經驗，就安排你負責一個專案，一籃子的選項，至少不會空手而回。

③ **請永遠都要幫自己準備好Plan B**。開口要求升遷，主管塞給你一堆亂七八糟的理由，擺明敷衍你，你該怎麼辦？鼻子摸摸繼續等待幸運之神眷顧？這樣的你會被主管看不起，點名作記號這個人不需要給糖吃，也會乖乖當社畜。一位專業的上班族，要定期更新履歷，最好還有長期配合的

獵頭協助你了解市場的動態，遇到不錯的機會就去談談看，一方面了解自己在市場上的價值，一方面磨練面試的技巧，更好的是口袋裡隨時有Plan B。

準備愈充分愈能讓你在與主管的談判中自信滿滿，讓自己手中掌控發球權，比較不容易感到被冒犯，而挑起沒有必要的情緒，一步一步與成功的職涯愈來愈靠近。

有技巧地跟老闆談判又不傷和氣

坐在我面前是一位敢做敢言的現代女性，臉書的發言直白辛辣，令我難以望其項背。從她口中說出，常被老闆批鬥到無言以對，任務分配不合理也不知道如何婉拒時，我驚呆了，這完全不符合她在我心目中的人設。

女漢子幽幽地說：「我們上班族不就像衛生紙嗎？一點價值也沒有，隨時可以被取代，老闆掌握了我的生殺大權，能拿什麼去談判，閉嘴乖乖地做事比較實在。」

這樣的想法真的是大錯特錯。

個體之間若無法互惠，關係不可能存在，工作者對老闆沒有價值，早就被炒魷魚了，沒有資本家會佛心，把薪水白白給你好嗎。

老闆也是人，為什麼不能喬？重點只是要怎麼喬到不傷和氣，可以繼續快快樂樂地領到錢。

我對談判的定義是「有策略的溝通」，只要有策略就比較容易管理情緒，制定談判的策略不難，只需要清楚回答三個問題：

① **What：我要什麼？**

② **Who：誰能給我？他想要什麼？**

③ **How：怎麼拿他想要的東西換到我想要的？**

一般人最大的問題是根本搞不清楚自己要什麼。跟老闆績效面談，老闆對你的表現說了一些刺耳的話，讓你覺得很受傷，於是你選擇「戰」，跟老闆大小聲，吵到最後丟一句：「老子不幹了。」或是你選擇「逃」，去樓梯間偷偷地哭，下了班再抱著閨密更大聲地哭，不管哪種做法都沒有改變老闆對你的表現評價不高的事實。

請問你到底要什麼？績效考核的高低影響加薪的幅度與升遷，老闆對你的表現不滿意難道不需要了解為什麼嗎？或許有誤會可以藉機澄清，再進一步請老闆給建議，應該如何改進與修正，展現認真向上的態度，今年不能順利升遷，但可以預先埋下明年成功的種子。

再來，就算老闆在你面前老是一付青面獠牙的鬼樣子，也還是一個人，是人就有欲望，是人就有七情六欲。大家都討厭馬屁精，我倒是很欣賞他們，每一位都是談判大師，他們看出老闆高處不勝寒，需要被讚賞、需要被款待，他們願意被千萬人討厭也要博老闆一笑。他們會幫老闆削水果、買咖啡，用狗腿換薪水。人家願意拿尊嚴來換，不願意做的人憑什麼有意見？與其懷著忌妒指指點點，不如好好地盤點自己有什麼資產可以拿出來跟馬屁精拚一拚，臉皮沒有別人厚，功力總要厚一點吧。

從工作績效的角度而言，老闆跟你應該是同一國的，他絕對希望你表現好，因此你可以大大方方地提需求給老闆，應該要如何幫助你表現好，而不是什麼都不說，以為老闆可以像霸道總裁一樣貼心，等到績效開牌的時候，再狠狠地生悶氣。

女漢子有點崇拜的跟我說：「從來沒有人跟我說過，上班族也有價值可以跟老闆談判，可以有選擇。」

其實談判不是什麼艱深的學問，只需要轉變心態，認同自己值得獲得更多，時時開啟大腦裡的談判開關，開口談就已經贏了一半。

Part 2

同事是賤人?!

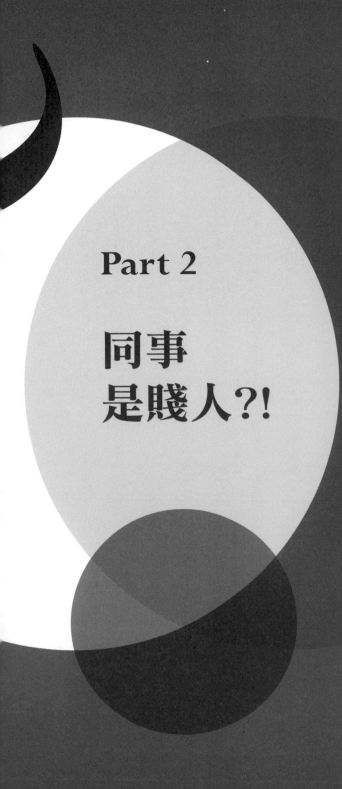

托爾斯泰有句名言：「幸福的家庭都很相似，不幸的家庭卻各有不同的苦難。」同樣的句型用來形容同事也適用：「討人喜歡的同事都很相似，機車的同事卻各有不同的面貌。」

我的職涯中有幸與三種超級令人厭惡，比蟑螂還討厭的同事共事。

①**引蛇出洞的匪諜：**生存的最強技能是幫主管剷除地下的異議分子，他會在茶水間唉聲嘆氣，率先抱怨主管，引發你的共鳴，再把你說的話一字不漏的彙報給主管。我曾遇過某位具備強大匪諜潛質的同事，與疑心病超重的部門主管一拍即合，一年之內靠著出賣同事連續升了兩級。

②**捧高踩低的媽媽桑：**這樣的人母胎自帶四川變臉的絕技，面對老闆與面對同事、下屬的音調、表情、肢體語言完全不一樣，若不是身為平常被他輾壓的苦主，純從看戲的角度來欣賞，會打從心底佩服這樣收放自如的演技。我就曾目睹有人在會議上拍桌，破口大罵要大學剛畢業的小男生去跳

樓，下一個會議主角換成老闆，張牙舞爪的老虎一瞬間變成喵喵叫的小貓，還把雙手緊握在胸前，用志玲姊姊的聲音感謝老闆支持，簡直是奧斯卡獎級別的演技啊。

③ **搬弄是非的長舌妖：**這些人不當編劇真是埋沒人才，不管你再怎麼謹言慎行，他們都有辦法掐頭去尾改造成八卦，開場白通常是：「某某某在另一個會議上說你壞話喔。」搞得當事人看彼此不爽，但有機會講開了，才發現一切都是長舌妖刻意製造的誤會。

這些人真的好機車，但我們還是要跟他們共事，怎麼辦？

好消息是你不用喜歡他們，連假裝喜歡都不用，就可以跟討厭的人合作。同事是「共同做事的一群人」，聚在一起的目的不是因為有共同的興趣、愛好或價值觀，而是在同一個組織，為了滿足組織的利益而形成的關係。

所以你不需要跟討厭鬼當朋友，下了班還要強迫自己跟他們稱兄道弟，一起去唱卡拉ＯＫ，只要他的討厭沒有妨礙到正事，基本上對八字不合的同事根本沒必要浪費自己的情緒，愈討厭的人，愈是跟他公事公辦，效率無敵啊。

最怕是遇到幼稚園老師般的主管，我曾有一個絕品主管，團隊去外地開會時，要由他來統一分配房間，規則是平常合不來的兩個人要一起住，又不是夫妻，難道同事也可以床頭吵床尾和？

日本哲學家菅野人在《朋友這種幻想》書中，把人與人之間的關係分成兩種：**規則關係是人與人相處有不得不遵守的規則，例如同學與同事。共感關係則是現代人理解的同溫層。**

你說說看，怎麼可能跟處於異溫層、又因為規則所限不能痛扁一頓的討厭鬼變成好朋友呢？還不如放棄可以當朋友的幻想，將所有的交流聚焦在完成任務上，不浪費時間，早點下班跟真正的朋友玩吧！

「情商不足」會成為同事們的超大箭靶

你很容易生氣嗎？小心啊，在職場上若不懂得控制情緒，「情商不足」就是一個超大的箭靶，不用刻意瞄準就能一箭穿心。

我曾親眼見證在會議上失控發飆，導致受害者變加害人的情境。A部門統理新產品上市，眼看時間一天一天的流逝，負責安排門市電腦展示機上架的B部門，進度卻嚴重落後，完成率不到一成，A部門主管急瘋了，要求立刻召開檢討會議，要逼B部門主管出面解決問題，希望可以追上預定的時間表。

雙方好像是約在喜馬拉雅山頂上，不僅寒冷，還有些喘不過氣，A部門要來追究責任，B部門早已在會前做好兵推，準備好怪廠商、怪客戶、怪社會等一〇一種不要讓自己下不了台的劇本。雙方都在等，等著誰先沉不住氣，這是大內高手的比拚，沒有花俏的招式，輸贏靠的是積年累月的內力。

薑就是老的辣，不管A部門主管如何施壓，每一招都被功力直逼張三豐的B部門主管用太極拳化為無形，A主管講話愈來愈急、呼吸愈來愈快、聲音愈來愈大聲，接著就爆炸了，臨走前把筆電摔在桌上，突顯滔天的怒火，再氣呼呼地跺著重重的腳步聲揚長而去。

會議室裡如古墓般死寂，此時B部門主管緩緩揚起嘴角，抿成一抹淺笑：「官威真大啊，得罪不起喔。」會議的結論定調，B部門有沒有準備好展示機沒什麼大不了，反而是A部門主管發洩情緒的不專業行為成了辦公室裡傳播的焦點。

亞里斯多德在《倫理學》中談論「生氣」：「生氣很簡單，但要選擇正確的對象，掌握正確的強度，在正確的時間達到正確的目的，一點也不簡單。」

仔細觀察位高權重的人，他們的「生氣」不是情緒發洩，而是以力逼人的手段，他們會審慎地評估眼前的對象是番茄還是榴槤，番茄會害怕被捏到噴汁，被大吼幾句就會嚇到不戰而降，這樣的人際高手若是遇到榴槤，絕不可能大力給他捏下去，他們會有如四川變臉一樣換上另一張臉孔，笑瞇瞇地說：「和氣生財。」

要成為職場上的成功人士，要學會把情緒控制自如。但真的很難，特別是遇到白目的人，怒火將血液帶離大腦，往四肢集中，如果不會擔心被警察抓走，真的會兩巴掌給他呼下去。

B主管莫測高深的微笑深深烙印在我的腦海中，讓我知道不能衝動，當情緒警示亮紅燈，我會提醒自己，純粹為了發洩的生氣只會壞事，但千萬不要否認自己的不爽。承認自己有情緒，再識別是何種情緒，然後用呼吸方法容許自己暫時從衝突的場景中抽離，通常我用十個深呼吸就能讓自己回復理智。相信我，沒有深呼吸十次解決不了的問題，如果真的不行，那就數呼吸一百次，直到冷靜下來為止。

「激怒對方」是一種談判的暗黑手段，不理性的反應就是給敵人趁虛而入的機會，人非聖賢誰能不抓狂，但是生氣有代價，如果承擔不起就跟我一起練呼吸法吧！

深呼吸aka腹式呼吸

好處：降低心律與血壓

Step 1：張開鼻孔深吸一口氣。

Step 2：將手心貼在腹部，感受腹部鼓脹才停止吸氣。

Step 3：緩緩地吐氣，把所有的氣吐光，才能再吸氣。

當團隊對立的情緒升級，我可以做什麼？

每回工作生活家「白白給你」節目直播完畢後，我習慣與團隊開檢討會議，趁記憶猶新，立刻寫下做得好繼續保持、做不好需要優化的任務，才能確保每一次的節目都會比上一集做得更好。

但有天的氣氛特別緊張，太多的第一次同時發生……

第一次採用雙機拍攝，然後攝影機壞掉。

第一次拿一台電腦出來跳樓大拍賣，想要測試直播帶貨成效。

第一次遇到來賓鼻子過敏大發作，整場節目都在「包水餃」。

第一次因為來賓很少搭話，導致腳本內容不夠，身為主持人的我要即興地胡說八道半小時。

銷售成績已經破了開播以來的記錄，但與業務大哥預期的目標還差一大截，他很積極地跟客戶爭取破天荒的低價來回饋粉絲，拍胸脯跟主管保證訂單一定大爆發，結果事與願違，滿腦子塞滿要怎麼跟老闆交代的恐懼？

雙眼緊盯著直播螢幕，咬著牙忍了一個小時，節目一結束大哥就衝進休息室開砲了！一條一條地舉出節目執行過程的疏失，情緒非常激動。

鼻子過敏的來賓，一邊擤鼻涕，一邊道歉說自己今天狀態不好，以後若有任何事情需要幫忙宣傳一定義不容辭。業務大哥的炮火讓場面超尷尬，來賓是粉絲破十萬的網紅，我可不能讓茶壺裡的風暴，變成明日的公關危機，得先把來賓送走，再回頭處理同事的情緒。

為了甩鍋，我也可以跟著激動，端出甲方的架子來，稀裡糊塗地把執行方罵成一坨狗屎。然後呢？節目還是要繼續做下去，發洩情緒只會寒了製作單位的心，讓節目品質愈做愈差。

或者是我就利用職位不平等之力，也來跟業務比大聲，也把食指伸出去，一條一條的挑剔他身為業務沒有做到位的事。然後呢？他心裡不服氣，明天到公司去照樣背地裡把我的團隊批評到一無是處，問題並沒有被解決。

面對一個情緒不穩定的人，我可以做什麼？

跟他講理？絕對行不通。**我運用了「FBI引導行為改變階梯」的談判技巧，先從積極聆聽開始，讓他暢所欲言找出對方在意的癥結點，接著發揮同理心，讓他知道我可以理解他是因為業績不如預期而陷於恐慌情緒。**此時的他已經能感受到我跟他是同一陣線，我正在協助他找解決方案，他可以信任我，「戰」與「逃」模式退場，恐龍變回智人，我們之間有意義的對話才能展開，他才能聽進去我給他的建議。

卡內基人際溝通黃金定律其中有一條「**不批評、不責備、不抱怨**」。批評、責備與抱怨都會讓對方感受到威脅，進而產生不安全感，引發對立與衝突。互相防備的兩個人怎麼可能談合作？組織分工複雜，團隊無法合作怎麼會有績效？

職場上任務出了差錯，第一個反應通常是追究責任，找到人揹鍋，心理上就有安全感，究責是落後指標，我更喜歡積極找解決方案的對話：「事實已經發生，請問我們學到了什麼？」

這個問題帶出了未來，焦點從過去的失誤移轉到將來的機會，從可憐的我與可惡的你，升高成可以共同成長的我們。

當大家都進入理性模式，微觀視角拉高變成宏觀，才發現不只是節目流程的設計需要檢討，客戶官網的消費者體驗流程也是影響成交的主因，這才是最棒的結果。直播流量產生的壓力測試，協助我們發現客戶官網還有優化的空間，業績是一時的，我們讓客戶發現弱項，再合作去強化，夥伴關係才會更強韌，更長遠。

多做多錯、少做少錯，很多人不作為，就是怕犯錯。

創新就是一連串犯錯與修正的過程，我們應該勇於犯錯，甚至早一點犯錯、更快找到弱點，就能更快地變強。

所以我不怕犯錯。

犯錯了就說：「對不起，我馬上改。」只要知錯能改就能變得比昨天的我更強。

你在補位還是踩線？要當救世主前先想清楚

有回看到「工作生活家」粉絲P小姐哀怨地陳述：「我在會議中被同事批評，常常做超過職權範圍內的事。」

我拍拍她的手臂鼓勵她多說一些，感覺起來真的受了很大的委屈，她情緒愈來愈激動說：「職權範圍到底應該怎麼拿捏？互相配合的同事沒有注意到的疏失，我擔心影響專案後續的發展，自動自發就幫他處理了，結果被嫌到稀巴爛，真是讓人心灰意冷。」

職權範圍該怎麼拿捏？這真是一個好問題。

我小學六年級時因為身高優勢獲選為藍球校隊的後衛，比賽的時候教練在場邊叫囂：「補位，補位，注意要補位。」

每一次進攻方傳球，防守方必須要觀察組員的動作，最靠近球的人要貼身施壓，其他的隊員則必須動態移動去填補防守空隙。激烈的球賽進行中，你可沒有時間禮貌地問隊友：「請問我可以移動到你的位置嗎？」想要贏球就不能失分，補位是默契，自然而然就要發生。

商場競爭比球場更激烈，輸掉比賽的損失也更慘重，明明應該要團隊合作，一榮俱榮、一損俱損的職場，為何常常發生不爽同事撈過界的衝突？

據我觀察，糾結「職權範圍」的根本原因，是團隊成員彼此缺乏信任，不信任是陰暗的濾鏡，看出去的世界瀰漫了惡意，因此補位成了踩線，主動解決問題的人成了惹人嫌的雞婆。

團隊間沒有信任，絕大部分都是主管一手造成，可以粗分成兩個成因：

①**主管不信任團隊，只會跟少數寵愛的人交心。**漸漸把部門分化成同溫層與異溫層，同溫層用優越感制霸異溫層，異溫層用忌妒心憎恨同溫層，本就分屬不同的世界，談什麼信任。

②**團隊不信任主管，每個人心裡都有一把算盤。**反正在這個主管手下沒有發展，凡事點到為止就好。自己不做，也不希望團隊中有人多做，精力全部用來彼此監督，不要僭越潛規則，齊頭式的懶惰，才能有心理上的安全感。

如果P小姐真心熱愛工作，視團隊成功為己任，置個人毀譽於度外，她就必須負起建立團隊信任的責任，溝通絕對不能偷懶，事前就要找相關人員開會，讓對方能充分理解行為背後的動機是良善的，讓對方理解目前專案出現問題，讓他有機會可以修正，而不是順手就處理掉。就算真的順手處理掉了，事後也要立即說明，不是要搶功勞、求表現，而是站在團隊合作的立場，為彼此共同的目標盡心盡力。

P小姐嘆了一口長氣：「未免也太麻煩了吧。」阿德勒心理學的核心觀念就是「所有的煩惱都源自於人際關係」，在職場上把事做好不難，把人做好卻是難上加難。

不想花時間溝通，建立團隊的信任感，那就謹守分際，不要去踩別人的線吧，不要好傻好天真地期待他人的感謝，求而不得再來自苦。孔子說：「達則兼善天下，窮則獨善其身。」環境不許可的情況下，想要當個救世主，就是要準備被釘上十字架啊！

好業務帶你上天堂，壞業務讓你見閻王

Jerry是我在M社遇過最優秀的業務，但做為一個上班族，他不及格。

每年他都是業績表現最亮眼的業務，奄奄一息的客戶到他手上總會起死回生。但他也是最不得老闆緣的員工，不管立下多少戰功，升職的機會永遠與他擦肩而過，因為他老是不肯閉嘴，總是為客戶爭取更多能創造商機的資源，向主管據理力爭，不乖的孩子媽媽不給糖吃。

在家裡吃癟，出了門卻是完全不同的光景。與Jerry一同拜訪客戶是如沐春風的享受，彷彿到朋友家作客，沒有爾虞我詐，客戶全心全意地相信Jerry

跟他們站在同一陣線，雙方在追求相同的目標。只要被Jerry服務過的客戶，都把他當成天上掉下來的禮物，成為一輩子的好朋友。因此我從來沒有看過有Jerry搞不定的客戶、做不到的業績。

他是怎麼辦到的？

多年後，坐在Jerry總經理敞亮的客廳，把酒話當年。角色互換，他從賣東西的人，變成買東西的人，對於一個好業務該扮演的角色有更透徹的洞察。

Jerry說：「好業務帶你上天堂，壞業務讓你見閻王。」

顧客的心裡明白得很，什麼樣的業務可以帶來價值，幫他賺到錢。價值不是只有折扣、行銷補助、Rebate等等有形的金錢贊助，還包含提供策略、人脈、產業新知等等品牌獨有的資源。很多人以為做業務就是要拜託別人，就是會矮人一截，Jerry不屑地搖著食指說：「大錯特錯，只要你是一個可以幫客戶賺到錢的業務，你的客戶會搶著要請你吃香的、喝辣的。」

業務也分上、中、下三等。

最底層的業務把客戶當成顧客，聚焦在「我要什麼」，跟客戶對話只溝通業績目標與達成目標對價的資源，總是在討價還價。因為沒有關心過程，與客戶沒有互信，對業績的掌握度非常低，往往會在月底莫名其妙地掉單，除了找藉口怪客戶，完全無計可施。

中等的業務把客戶當夥伴，聚焦在雙贏，達到個人目標的同時，也能幫客戶爭取更多資源。談判桌上不是只有業績的實質目標，也有建立忠誠度讓客戶樂於回購的關係目標，好業務願意花較多的時間與客戶的團隊一起開發更多有創意的選項。

Jerry是頂級的業務，他把每位客戶當成朋友，**不只看眼前的目標，還關注對方未來的發展**，不只處理自己的產品，還擔任顧問的角色，替客戶全方位解惑。所以客戶信任他，不管Jerry給多高的業績目標，都含笑收下，不會去質疑合理性。怎麼可能不合理呢？Jerry可是幫我們從策略面到戰術面，兵馬、糧草都準備充足了啊，跟著Jerry沒有打不贏的仗。

M社時期的Jerry是我胸口的一根刺，扎進心裡隱隱地疼。一而再看著他因擇善固執而脹紅的臉，為了客戶的權益，他爭贏了，回到在職場應得的獎賞與利益上，卻輸得一敗塗地。

現在的Jerry已經是一個獨當一面的經理人，良擒擇佳木而棲在他的故事裡找到最好的註解。Jerry勸告所有的業務：「顧客的口碑是一個業務最大的資產。」不要為了討好老闆，也不要為了完成短期的業績目標犧牲客戶的利益，把眼光放長，有信譽才能打造閃亮的個人品牌。

你也是個擇善固執的人嗎？你有處事的道德與原則，卻不見容於組織？**請不要沮喪、不要放棄更不要隨波逐流，堅持做你認為對的事，只要持續走下去，一定會被對的人看見。**

爲什麼你不「好好上班」？

「為什麼你不『好好上班』？」

有陣子三天之內聽到這個問句兩次。

工作生活家「幹大事沙龍」邀請來一位正在幹大事的來賓鋼鐵V，嬌小的她正職是精品業的數據分析師，業餘自組雲端團隊籌畫英文線上課程。為了證明自己有領導專案的能力，投入無法衡量投資報酬率的金錢與時間，男朋友不以為然地質問她：「你為什麼不能好好上班，像一般的職場女性，安心領薪水賺錢就好？」

另一天與卜知工作室木易楊老師線上對談，台大高材生的她走上宗教工作這條路是因為她的大學朋友是正在情海中浮沉的同志，問卜時被命理師恐嚇說：「同性戀違反天道一定會早死。」這樣亂七八糟的言論，讓算命的朋友不只沒有解惑，還得到嚴重的憂鬱症，為了打破傳統命理學對性別與性向的偏見，小楊老師積極投入命理與風俗研究，將科學的心理諮商結合古老的命相與法術，以現代化的觀點為新世代工作者解決疑難雜症。走在這條與眾不同的創業路上，小楊老師也不停地被親朋好友質疑：「你一個台大畢業生，為什麼不好好上班，安安穩穩地過日子就好？」

這個問句將我拉回數年前與怪獸大戰的煙硝裡，我老公也常常問我：「你為何不能好好上班？為何要搞到被主管盯上？為何她不找別人揹鍋，偏偏要推給你？都是你自己愛多管閒事。」

我想先請大家思考一個問題：「好好上班的定義是什麼？」

能夠安安穩穩每個月領得到薪水嗎？

但是你們知道嗎，終身雇用的伊甸園早已一去不復返，現代企業追求短期的股東利益，不需要賠錢，只要獲利不如預期，就要縮減成本，而砍人永遠是省錢最無腦的方式。職場中已經沒有安穩這個選項，那身為工作者的我們可以追求什麼？

美國民權領袖John Lewis不認同充滿歧視的種族隔離政策，他想要改變，不要再重複父輩忍受的屈辱，於是他積極投入民權運動。母親勸告他：「孩子啊，社會現實就是不公平，忍一忍就過去了，你何必要惹麻煩呢？」John回覆媽媽的話成了他終生的行動指南，他說：「我就是要找麻煩，我找的是有益於世界的麻煩，是有必要性的麻煩。」

這一生我們用了非常多的時間工作，大部分的人卻非常討厭工作，於是五天活得生不如死去賺錢，再用周末假日大吃大喝亂買一通把錢花光來療癒自己，周而復始。

我們這一代人可能要工作很久很久，因此工作不應該只是要「求生存」，而是應該有一個使命感，成為讓人生有意義的基石。

我們盡可以過著人云亦云的生活，假想自己可以無憂無慮一輩子被保護在舒適圈裡，漸漸地讓自己活成一個沒有故事的人。因為職場打怪那一仗，我成了企業中的「不能好好上班」的異類，必須承認我付出了代價，不乖的形象對短期的職涯發展有非常負面的影響。但我從來沒有後悔，那段經歷很苦、很痛，卻讓我走上追求有意義的人生之路。

好好上班的方式應該由自己來定義，對我而言好好上班是要實踐「我的工作就是好好生活」的信念，成立「工作生活家」社群是我為了實踐想法採取的行動，與志同道合的粉絲們互動確認了「每個人在職場上都有選擇權」的價值觀，為了影響更多人，積極地寫作、演說、製作影音節目，改變了大嬸只能默默在組織中日漸凋零，最終被淘汰的命運。

那一個在老公口中不能好好上班的決定，讓我成為一個立體的小白、一個勇敢的小白、一個追求人生意義義無反顧的小白。我知道跳出舒適圈是一件很恐怖的事，面對他人的指指點點是一件更恐怖的事。我可以用經驗告訴你：**「恐懼是一個假議題，當你愈向他靠近，愈會發現它根本微不足道。」**

種子需要萌芽，才會接受到陽光的能量，才有可能綻放出一朵美麗的花。

你正爲職場政治所苦嗎？感謝生命中每一位小人

你正為職場政治所苦嗎？

逢迎拍馬卻無能的同事，張牙舞爪也無能的主管，你的心裡在嘶吼著：「我怎麼那麼倒楣，跟著一群豬隊友浪費人生。」

其實你一點也不倒楣。與無能的人工作是職場的常態，當人不了解自己的能力值，選擇隨波逐流，最終都將走向「無能」的境界。

跟各位介紹「彼得原理」（The Peter Principle），管理學家Lawrence Peter研究了上千個組織中的豬頭，得出一個結論：「在科層組織中，工作者終將升遷至能力無法勝任的職位。」

每個人都想往上爬，但梯子都是標準化的，很少人想過要幫自己客製一把，於是一位優秀的執行者，因為績效好，被拔擢成為部門經理，卻毫無策略思考能力與做決策的魄力，他心裡慌啊，只好用無止盡、議而不決的會議推延決策的時間，以及先發制人的無厘頭謾罵來掩飾無知。

水平移動也有這樣的問題。很厲害的財務，說得一口好報表，分析起生意頭頭是道，老闆說；「這麼了解市場去當業務好了。」但他只喜歡數據不喜歡跟人溝通啊，為了老闆開心，硬著頭皮轉了，自己與整個業務團隊都要陷入無邊的苦海。

人只要沒有安全感與成就感，就會想要使壞，宮鬥劇都是這樣演的。別再為職場政治所苦了，發揮點佛心吧，藏在惡鬼面具下膽怯的心，是怕被人看破手腳的卑微。今天在辦公室裡遇見發神經的主管或是削水果、倒咖啡討好老闆的馬屁精，請不要翻華麗白眼，給他們一個慈悲的眼神，一個轉念，就能超拔正在受苦的眾生。

理智上可以接受「人在江湖飄，哪能不挨刀」的道理，但眼睜睜地看著白刀進紅刀出的當下，還是會痛、會有情緒。

首先湧出的問題是：「很閒嗎？」時間是最公平的，每個人擁有的都是分秒不差的二十四小時，沒有專注在熱愛的專業上，就能將精力投資在磨練宮鬥劇的演技。

現代人在職場上的刀光劍影，給大腦的威脅信號不亞於原始人在大草原上正面迎擊飢餓的掠食者，該戰還是該逃？需要直覺快速的反應，選錯邊的下場是一命嗚呼。

人際間的摩擦一樣會啟動杏仁核，但我們演化了，絕對不可以跟老祖先一樣用直覺解決問題，當我感知到情緒正在累積，呼吸與心跳都在加快，熱血上衝腦門即將要中風的關鍵時刻，運用談判學中打小人第一招"Go to the Balcony"強迫自己抽離主觀視角，從第三者的眼光分析現況。脫離杏仁核的劫持後，我的腦海中浮現出《被討厭的勇氣》一書中哲學家畫的三角柱，可見的兩面是「可惡的他」與「可憐的我」，隱藏在背面的文字才是答案：「今後該怎麼辦？」

今後該怎麼辦？對自己提問是開啟批判性思考的金鑰，遇到不如預期的人、事、物，像探險家面對新世界一樣有旺盛的好奇心，打小人第二招就是要能保持開放的心態去診斷問題。

第一步診斷自己：是我做了、說了什麼讓對方產生負面反應？這樣的情況若是無法改善，對我會有什麼影響？

第二步診斷對方：為什麼他會這麼做、這麼說？他若是持續跟我對著幹，對他會有什麼影響？

第三步診斷事件：到底發生了什麼事，哪些訊息其實被過度放大，應該忽略，哪些訊息揭露了隱藏動機，應該額外花心思處理。

情緒穩定了，人與事的脈絡也都理清楚了，才能找出最佳的解決方案。

每一位我們認知的小人，手上也都有「可惡的他與可憐的我」的劇本，江湖中沒有百分百的對與錯，被抹黑的時候去激烈的反駁其實沒有必要，當我們堅持自己是對的，只會把自己鎖在同溫層裡，追尋自以為是的正義，再導致錯誤的決定。

每一封黑函用好奇心去開啟都是一份禮物，給我警醒與動力與轉動人生的三角柱，當有機會思考「今後要怎麼辦？」的時刻，我們才有契機更新、成長、變得更好。

請感謝每一位在生命中出現的小人，They have made us a better person.

遇到難搞的王八蛋應該怎麼辦？

「小白老師，你一直提醒我們，談判中要與對方合作共同創造價值，必須做到『有利，但選擇不用』，但對方就是很賤、很爛，滿肚子的壞水，這樣的對手我們還要對他nice嗎？」

應新創公司邀請，為Z世代的員工上了三個小時的談判課，小白講到嘴角滿泡，嘗試幫年輕朋友們建構價值談判的觀念，破除「固定大餅」的我執，可以在為自己與公司爭取更多的談判過程中，認知到雙方不只可以吃餅，合作才能把餅做大，更進一步發揮創意探索多重選項。

即便是花了半小時的時間演練，讓參與者們可以從實作中發現，把對方當成敵人的起手式，在自己沒有權力，或是權力落差不明顯的情況下，會導致談判結果不如預期或是徹底失敗的下場，最終的問答環節，還是有不少問題環繞在：「遇到難搞的王八蛋應該怎麼辦？」

誠懇地建議大家，沒必要把對方當成王八蛋，讓自己氣得半死。仔仔細細評估一下，你想得到的成果，是否非要跟眼前這個怪咖合作不可，如果答案是肯定的，請你一定要學會理性地把「事與人分開」。

有人天生很機車，有人故意裝機車，所有具有衝突性的言語或行為，都會挑動大腦底層的杏仁核，開啟戰或逃的本能反應，讓血液離開負責思考的大腦，流向四肢準備好大打一架或是溜之大吉，這就是暗黑大師希望產生的結果，讓你徹底被情緒制約，做出不理智的決定。

只要你感受到對方正在用陰的、用強的、用亂的，當下不應該只想要回應對方的行為，而是要冷靜下來，分析行為背後的目的與原因。大家都很怕在談判過程被牽著走，但過度關注對方不恰當的言行，還傻傻地想要回應，就是被牽著走啊。

但王八蛋道行真的很高，只要開口就讓你七竅生煙，忍都忍不住怎麼辦？那就找個理由暫時離開現場吧，尿遁是個非常好的主意，給自己一點空間，躲進化妝室裡，先來幾個深呼吸，將注意力回歸到自己身上，然後看著鏡子中的你，強迫自己微笑。當我們可以笑出來的時候，波濤洶湧的心境已然漸漸平靜下來，接著再度提醒自己：「想要得償所願，我必須與那個人合作，只要不影響我得到期望的成果，他是不是王八蛋，一點也不重要。」把人與事優雅的分開，就可以從容地回到會議室裡繼續談。

冷靜地開始繼續談，要記得把引導談判流程的主導權拿回來，技巧很簡單，提出問題的人就有發球權，想一想，會議室裡問題最多的那個人，通常都是位階最高的主管吧！

對方罵你沒有誠信，請你問他：「為什麼你會這麼想呢？」對方拍桌子、摔本子，請你跟他說：「在我心中你是一位非常優雅的職場菁英，今天為何要這麼做呢？」很多人就是腦子進水，想到什麼說什麼、想到什麼做什麼，人家不過是一場即興演出，你放在心理糾結到夜不成眠，不是自找麻煩嗎？

如果對方很激動，不恰當的言行明顯是情緒造成，這時你還想要說理，就是情商有問題，無法識別他人的情緒，或是你也激動起來要去爭輸贏，很可能你的心理狀態也需要被關愛。當對方的情緒凌駕於理性，我們唯一能做的事就是讓他發洩，千萬千萬不要回應，也不要為了安撫對方許下任何承諾，反而應該在對方真情流露的發洩中，盡量地蒐集語言的與非語言的情報，幫助自己更了解對方藏在立場下的需求。

很多時候談判不是輸給對方，而是輸給充滿負面情緒的自己，負面情緒如同迷霧，會把自己封閉在無法與外界溝通的想像世界中，不管對方是多麼張牙舞爪的惡霸，也還是一個活生生的人，只要你能坐上那張談判桌，代表你身上有對方想要的東西，你需要發揮好奇心，藉由探索對方的需求，來了解自身的力量。當你發現面對惡棍並非無能為力時，自然而然就能理性地一步一步邁向目標，不再任由情緒蔓延而被對方牽著鼻子走了。

其實，每隻鬼的背後都有比悲傷更悲傷的故事。

有陣子遇到幾位朋友，頭上都有不祥的紫雲，重壓出一張愁眉苦臉，稍加關心之後，得到的答案千篇一律，他們「見鬼了」。

通常這種鬼還挺高調的，他們會像水銀瀉地一般，在你的生活中無孔不入，一會兒強勢霸凌，一會兒緩緩凌遲，於是你煩躁、沮喪、厭世，整個世界都變成灰色的，這種鬼專門吸收痛苦，轉變成晉級鬼王的格鬥能量。

更糟糕的是，他們不知道自己是鬼，用迷魂術障住自己的雙眼，在鏡子裡他們看到的不是青面獠牙，而是慈眉善目；他們不了解為何人們會恐懼、想逃避，他們覺得自己是神，你應該主動親近、應該臣服、應該匍匐在尊貴的雙腳前，聆聽智慧的話語。

看過《聊齋誌異》嗎？有的鬼是突然枉死的，根本都還沒心理準備就變成鬼了，超級沒有安全感，只好把自己武裝起來，變成厲鬼。有的曾遭遇悲慘的經歷，被拋棄、被背叛、被陷害，於是心理不平衡，也變成厲鬼。

以小白我遇鬼十年的經驗，「怕」與「逃避」並不能解決問題，恐怖片也是這樣演的，驚聲尖叫、慌不擇路的配角，最後都會一個接著一個慘死。

電影劇情中還真的可以學習到不少「如何成為一位倖存者」的密技。

① **跑**：人鬼疏途，趕緊鍛鍊體力，收拾細軟，有機會就跑吧！

② **講理**：去找鬼聊聊，讓他知道他不用這麼壞，了解他未竟的願望，幫他脫離中陰身，立地成佛。

③ **找外援：**甯采臣需要燕赤霞才能活著離開蘭若寺，遇見鬼的人千萬不可以搞自閉，被各個擊破。

④ **跟他拚了：**鬼其實都喜歡欺負弱者啦，你愈怕他就愈來勁，硬起來，讓他知道你不好惹，他就會去欺負隔壁的人了。

下一回你在職場遇見鬼的時候，不要一個人躲在角落孤單、害怕，在社群上找幾位一樣撞鬼的朋友，辦個職場恐怖故事說書比賽，大家互相ＰＫ一下，誰遇到的鬼怪最凶猛。當你發現沒有最慘，只有更慘，心裡絕對會好過很多，大家再一起安慰最慘的那個，好吃的都留給他，成為一個普渡的概念，說說笑笑解千愁，日子總是要過下去的，自己積極點找樂子吧！

職場必修的理性情緒行爲療法

每個人在職場上都有註定會遇見的「魔」，即使他踏著日光徐徐而來，唇畔漾著和煦微笑，但你眼中只看得見他藏在笑容背後的那把刀。

不用怪自己情商不好，遠古時代，對掠食者不敏感的人類都英年早逝了，能把基因一代一代傳下去的祖先，肯定是對周遭危險訊號警醒萬分，戒慎恐懼地活著。

我也有這樣的毛病，一朝被蛇咬，十年怕草繩，只要吃那麼一次虧，就成了被迫害妄想症患者，現實中的那個人到底是不是魔鬼，沒有標準答案，但不愉快的經驗，讓他們走入心裡，成為盤桓不去的心魔。對方只要開口，腦中的杏仁核馬上警鈴大作，表面上若無其事，其實心跳加快、呼吸急促、體溫升高，身體反應不會騙人，此時的我害怕得很想逃跑。

怕什麼？怕不小心說錯話，被對方拿去當傳播的材料；怕不小心聽錯話，被賣掉還幫著數鈔票。負面情緒是灰色的眼鏡，悲觀的視角望出去的世界就是暗沉沉的，舉目皆是風險，完全沒有機會。把不公平的待遇恐怖化，就是「那個人」讓我們不痛快、不幸福、不成功，而我們完全無計可施？

演化來的大腦，使情緒極度容易被外界刺激左右，激怒、陷入恐慌、無所適從，是暗黑系同事信手捻來的放大絕。

怎麼做才不會被職場上的魔鬼牽著走？

心理學家Albert Ellis 發展理性情緒行為療法，核心理論是ABC：

A（Activating Event）：誘發情緒的人或事件

B（Belief）：針對誘發事件的信念

C（Consequences）：事件導致的感受與行為

不能為自己行為負責任的人會直接跳過B，情緒化感受與行為是某個混蛋幹壞事害我，忽略了身而為人，我們會思考，可以做選擇，我們無法避免有情緒，但冷靜下來想一想，可以讓我們不要任情緒蔓延，做出會後悔的事。

我曾在開會的時候，被要求出去打一架解決爭議，當下我有夠錯愕，但我沒有因為同事挑釁的言語生氣，開會一定有目的，打架並沒有辦法協助彼此取得共識，理性溝通才有可能達成目標。會後旁觀的同事問我為何不抓狂，還調侃我：「你該不會是怕打不過他吧。」如果我真的去打一架，還真的是浪費了讀那麼多書的時間啊。

會議上的言語挑釁是一次刺激事件，如果我真的跟他打起來，就是直接被刺激事件導致的行為。但我可以轉念，為自己的行為負責，不是對方說要打架，我就得傻傻地為了表示我不怕他，被牽著鼻子上演一場鬧劇，我的信念是不認同打架是解決問題的方式，如果這一次的會議不足以讓雙方達成協議，那就再約下一次的會議，等對方能夠冷靜地做出決策再來談。

只要能夠思考的人就有自由意志，不要再安慰自己會做傻事是因為被人牽著走，學著當情緒的主人，為自己的行為負責，才能不讓職場上的怪人，成為阻礙你成就更高的心魔。

「反正，我的薪水80％都是通告費！」這句話帶著濃濃的戲謔成分，每當我分享的時候，大部分的朋友都是從較為負面的觀感去解讀這句話，粗分為兩種款式：

①**帶著上班族油麻菜籽的自憐情緒**。深深地認同經營職場的關係必須要抹除本我，恨不得馬上去報名演員訓練班。

②**在覺青的制高點，不屑這種噁心的假面文化。**老子／老娘靠實力，不需要屈意奉承任何人。

其實我說這句名言的起心動念是很正面的，這句話時時刻刻地在提醒我「情商」的重要性。人在江湖飄，都會有得意、失意的時候，情緒猶如一條大海中的舢舨，隨著生命中的情境起伏，沒有情商這位老船長的協助，隨時都有滅頂的可能。

為什麼要演？在生活中權力是不平衡的，總是有人可以掐著我們的脖子，而我們的手中也拽著另一群人的生命線。對上的演技是「專業」，控制自己無謂的情緒，在職場員工的價值是把事情搞定，自然而然就可以領到錢。對下的演技是「溫柔」，這個地球上沒有人應該被你的權力霸凌，拍桌子罵人不會在逆境中激起同舟共濟的決心，反而會逼出破罐子破摔的旁觀者，或是不做最大、意氣用事的勇士。

培養情商要從培養兩種能力做起：

①**覺察與管理自己情緒的能力**：當壓力產生，我們的原始腦會自動帶入「戰與逃」的抉擇，此時認知到情緒的存在，並承認我有情緒，再評估這樣的情緒能不能演好這一齣戲的角色，思考能夠讓人冷靜，引導自己從爬蟲類進化成人類，才可以針對當下情境，選擇最合適的腳本再搭配演技。

②**識別與管理他人情緒的能力**：這更需要好演技，前陣子我很愛看對岸一個實境節目「我就是演員」，不少精采的橋段，都是出於資深演員在舞台上互相激盪的即興演出。評審說：「真正的好演員，不會只專注在自己的角色，而是必須全身心的關注演對手戲的人，讓彼此的情緒交融，在舞台上才能和諧，才能產生感動。」

工作與生活中，磨練好演技是專業、磨練好演技也是溫柔，把戲演好是我們對身邊的人尊重，也是對自己的慈悲，閱讀完這篇的你，我們一起來做一名專業演員吧！

遇職場騷擾，是不是應該牙一咬，忍過就算了？

到了愛琴海，怎麼能放棄籠罩在月色下品酒的風雅，但我愛熱鬧，無法跟李白大叔一樣享受對影成三人的孤獨，約上一對搞笑的小夫妻，分享一瓶土耳其在地鮮釀的櫻桃酒。

我是不是長得很誠懇，很有同理心的樣子？原本的打算是要爽爽地配垃圾話喝一攤，順便培養睡意。兩杯酒下肚，甜美的小妻子卻開始訴說起職場中人事的困擾。

這個故事跟#MeToo有關，掌握醫療儀器關鍵技術的廠商，趁執行業務的時候，對醫院的女性同仁毛手毛腳，妹妹們敢怒不敢言，害怕槍打出頭鳥。甜美小妻子充滿了正義感，她認為姑息養奸，選擇匿名上報公司高層，卻被資深的女性主管爆料出來，當眾責罵她大驚小怪，把她批鬥成整間醫院的罪人，說她無的放矢會得罪廠商，讓日後合作不愉快，醫療儀器出問題，將會影響醫院的競爭力。

小妻子抿了一口酒，望著我問：「為什麼自己人總是要為難自己人，台灣的環境，對女性很不友善，面對性騷擾這樣難以舉證的問題，是不是應該牙一咬，忍過就算了？」

當然不應該忍！我們長得可愛、長得美不代表臭色胚可以毛手毛腳。

我跟小妻子分享了十五年前在E社的故事。去日本出差時與同事們共進晚餐，日籍高階主管與台灣三名同事共乘計程車，順道送我們回飯店再回家。車上滿滿地坐了四個人，這個色狼仍藉著酒意強吻了倒霉坐在他身旁的我。

當下我感到五雷轟頂，這個人真的太噁心了，當車上的同事是塑膠嗎？還是單純覺得我好欺負？我該不該一巴掌給他打下去？

我想要什麼？要這個色狼得到應有的教訓。打他或罵他只會讓我變成歇斯底里的女人，讓事件變成一齣肥皂劇，當下開啟了談判開關，對象是色狼，但我要調動的力，是色狼背後可以制裁他的幕後觀眾。

回到飯店我就給法務部門發Email，寫明事件發生的經過，並要求循性騷擾防治的管道，正式啟動調查。

回國後被很多單位約談，有人暗示要息事寧人，擔心跟日本總部搞翻了關係，日後拿不到資源；有人白目地究責，是不是我曾說過什麼話、做了什麼事，傳遞了曖昧的訊息。

不管多少人來施壓，我沒有錯，不需要怕被封建的觀念抹黑，更不需要哭天喊地，我只需要不卑不亢朝尋求正義的目標邁進。

目標很清楚，我要公司還我一個公道，我要大家知道我不是任人揉捏的女人，也沒有任何一個女人應該遭受這樣的待遇。加害人不懂應該道歉，應該受到懲戒，公司也必須加強性騷擾防治的教育，讓憾事不要再發生。

最後色狼的主管給我一封信，色狼受到申誡，要求他居家反省一週，全球分公司都會執行反性騷擾教育。我贏了，但其實公司也贏了，趁此機會宣導正確的兩性相處觀念，創造更良善的企業文化。

我們女生要堅定地保護自己，要散發出老娘不是你可以手來腳來的氣場，遇到不長眼的混蛋，不要害怕也不用慌亂，「我們沒有錯」。想清楚你要什麼，有什麼資源可以調動，不是當下發洩情緒就好，而是要讓色狼長記性，不要再危害其他的女生，如此才能說是功德圓滿啊。

小妻子接著問我：「那被恐龍女主管霸凌怎麼解套？」藏在每間公司的祕密武器叫做「組織的大旗」，跟壞女人說：「我不是為了自己，我是為了公司的聲譽，難道我們要讓廠商去外面說嘴，說本院的女生都可以隨便摸，難道我們要讓女性人才覺得我們醫院不保護員工，以至於招募不到優秀的人來服務嗎？」

小妻子不停的點頭，燦爛地笑了。離開了土耳其我們沒有再聯絡，不知道她有沒有回到醫院去用我教她的招數對付恐龍，至少在愛琴海的晚風中，我拯救了一個快要向恐龍投降的靈魂。我希望等到她變成資深職場女性的時候，能夠支持女性下屬擁有免於職場性騷擾的權利，而不是重蹈恐龍主管的覆轍，一代又一代地讓女人去為難女人。

尊重他人說不的權利，才有機會讓他說YES

「商業思維學院」邀請我開一堂職場談判課，課後收到C先生寄來一封Email分享上課心得。

他是一位工程師，當我說開啟成功職涯的第一個關鍵字是「當責」，面對問題，魯蛇才找藉口、贏家會找解決方案時，他覺得很有共鳴。工程師的天職就是要解決問題，也樂於協助團隊探索解決方案，在公司裡卻遇到一群不愛思考只會批評的同事，會議上總是用連珠炮的問題把C先生惹毛，討論變成吵架，久而久之C先生的熱情逐漸熄滅，在組織中變成另一個冷言旁觀的人。

他還是有一顆想當贏家的心，希望我能夠協助他突破兩個痛點：

① 在會議中，該如何打斷別人對自己方案的攻擊與質疑。

② 如何控制情緒。

我們可以從問題的措辭中，明顯感受到他對同事的敵意，「打斷」、「攻擊」與「質疑」都是對抗而非合作的詞彙，C先生已經先入為主地將同事看成敵人，「提問」是想要在雞蛋裡挑骨頭，而不是對方案有興趣想要深入了解，敵人相見份外眼紅，當然控制不了想要發怒的衝動。

我建議C先生先想清楚會議中想要達到的目標是什麼？是希望自己提供的解決方案能夠被認同、獲得採用，從執行成果中取得成就感嗎？

如果我的假設為真，C先生想要得償所願，必須想盡辦法讓會議室裡的同事成為自己的盟友，發自內心支持提案。他們願意提問其實是天大的好事，每一個問題都是機會，讓我們可以發掘對方在意什麼，並進一步提供客製化的說明，讓大家開開心心地買單。

也不要害怕對方反對，每個人各有不同的立場，千萬不要聽到「不」就被激怒或是放棄，我們應該探究「為什麼不」，把對方擔心的、害怕的、排斥的理由通通找出來，再一個個拆彈。用正向的思維，「不」其實是通往「是」的敲門磚。

我們都把自己視為故事裡的英雄，反對者是影響英雄獲得聖杯的反派，這樣的角色設定，很容易觸發杏仁核主導的情緒腦，將血液從負責理性思考的大腦調動到負責作戰或逃跑的四肢，此時心跳加快、呼吸急促，你知道自己快要失控了嗎？

想要成功運用談判取得自己想要的資源，就不能夠被情緒綁架，請一定要培養識別自己是否快要抓狂的能力。當感覺熱血衝向腦門，鬢邊開始嚇嚇叫，就馬上閉嘴，不要陷入「你一句、我一句」愈吵愈不知所謂的流沙中。接著承認自己把情緒帶進會議中了。此時可以用深呼吸來引導情緒降階，將心念專注在呼吸上，不要在意同事們說什麼，把自己的理性腦喚醒再重啟溝通模式。

冷靜下來後也不要急著說話，繼續堅持主觀立場對解決僵局沒有幫助，此時反而應該要積極聆聽對方的意見，觀察對方的表情、動作，找出他真正在乎的價值，這在談判技巧中稱為"Go to the balcony"，從當主角變成當觀眾，用客觀的視角看問題，找出讓競爭可以轉化為合作的關鍵契機。

你覺得對方真的很壞，真的很討厭，你真的忍不住，那就容許自己先離開戰場用物理距離讓自己冷靜下來。總之，情緒腦會讓我們做錯事、說錯話，一旦感知到情緒腦登場，就要想辦法讓它盡快退駕。

分享給大家一個實用的情緒控制祕方。我的前主管超級自以為是，一開口就把人貶得一文不值，嘴臭到你會很想當場把他嘴打爛。只要跟他開會我都會準備一條串珠在手腕上，一旦他開啟了胡說八道頻道，我就會專心撥串珠，在心底默默地唸佛號，修身養性完全不需要回應他的挑釁。

情緒不是對方強加給我們的，情緒是我們自己洶湧澎湃產生出來的，想要取得他人合作，第一步先突破執念，不要把意見不同的對方當成敵人，理解對方說不的理由，才有機會讓他說“Yes”。

提出聚焦需求問題，讓怪獸同事變天使

有次職場資歷尚淺的朋友和我說她遇上了職場怪獸，彼此之間沒有直接的從屬關係，但對方仗著年資與年紀俱長的優勢，常常對她頤指氣使，當成婢女來使喚。

「列席參加他部門的會議，跟我有關的議程結束後，急著收拾東西要趕著去下一場會議，他居然拍桌子說，你敢走給我試試看。」朋友氣呼呼地抱怨。

那你走了嗎？

「當然沒有啊，他那麼兇，我不敢跟他翻臉。」

因為個性俗辣讓朋友錯過了下一場會議，她是專案的重要關係人，另一間會議室裡望穿秋水的同事們，成了怪獸的附加受害者。

職場上面對兇巴巴地同事，以力逼人的強勢壓制，危機感觸發大腦底層的杏仁核，頓時讓人理性全消，眼前只剩兩種選項，挺身而戰還是落荒而逃。這就是對方想要的結果，讓你的思維模式退化成爬蟲類、讓你不相信自己有力量可以跟他平起平坐、讓你誤以為自己毫無選擇，讓你自願地放棄為自己爭取更多的希望。

於是你屈從於暗黑之力，把對方想要的東西雙手奉上，至於自己想要什麼，在被恐懼壟罩的當下，反而顯得微不足道。

我問朋友：「他要求你留下來繼續參加會議，難道你不好奇是什麼原因嗎？」

朋友瞪大了眼睛回答：「拜託喔，還需要了解原因嗎？他就是鴨霸啦。」

未受過談判訓練的人，習慣用過去經驗來複製恐懼，自行把對方腦補成職場佛地魔，探討對方的核心需求是浪費時間，刻板印象有如人工智慧般提早寫好註定要失敗的劇本。

應該如何華麗地翻盤？

第一步請先安撫好躁動的杏仁核。給自己三個深呼吸的時間識別情緒，然後清楚描繪當下有什麼感受給自己聽，承認無法做出理性的決策，選擇不要立即回應對方沒有禮貌的要求。

第二步是提出「聚焦需求問題」。不准離開會議室是立場，回應立場就只有留下或離開的二分法選項。逼上梁山正是暗黑必殺技，「聚焦需求問題」則是可以扭曲立場，讓你戰勝大鯨魚的槓桿支點。

只需要一個開放式問題：「請問您需要我繼續留下來參加會議的理由是什麼呢？」這是一個很佛心的舉動，提問協助對方思考，讓對方有機會從一個拋出不合理要求的壞蛋，昇華成可以溝通解決方案的好人。

你放下了心中的恐懼與過去的成見，同時引導對方放棄以力逼人的溝通，雙方的關係不再是硬碰硬的對抗，聚焦需求問題送出了橄欖枝：「只要願意說明你的需求是什麼，我們可以想辦法一起來完成。」讓對手成為夥伴，競爭的關係轉化為合作的關係，不傷和氣地贏得自己想要的結果。

成功的職場溝通是由一個又一個有效的情報累積而成。

在我的價值談判課堂上，同學往往在不知道應該如何獲得情報這裡卡關，大部分的人都以為有傳說中的「吐真藥」，給對方打一針，他們就會自動自發地把情報奉上，因此對方沒說就等於沒有情報。但對方不說，我們可以問啊，把引導談話流程的主導權藉由聚焦需求的問題，抓在自己手上，時時提醒自己要有探索彼此深層需求的好奇心，讓雙方都能從合作中獲得好處，畢竟在職場上我們與同事大多為了共同目標一起努力，溝通的目的不是為了贏這一回合，而是要讓彼此可以互相成就，得到更多。

另一個我常問工作者的問題是：「你的工作有沒有帶給自己與身邊的人幸福與快樂呢？」

有次朋友一早就收到語氣不友善的Email，忿忿地抱怨著：「這個人真的很奇怪，大家都在同一間辦公室裡，卻從來不溝通，自己忘記的事，還敢發Email出來責怪我沒有告知，莫名其妙。」

興師問罪的Email的確是會讓人看了就一肚子的火啊，覺得對方沒禮貌，加上Email同時副本給了無數人，「我怎麼可以輕易被栽贓誣陷」，於是筆仗開始隔空交火，搞不清楚狀況但被捲進這場戰火的收件人，一來一往有如霧裡看花，心中的OS都是：「幹嘛這麼不專業，面對面說清楚不行嗎？」

兩個人都輸了，當筆仗開始時，事情已經沒有對錯，旁觀者看到的是兩個在搶關注的幼稚鬼。

我問了朋友一個問題：「你覺得對方在針對你嗎？」

朋友思考片刻：「應該不是，他對每個人都這樣。」

那有什麼好氣的？犯得著一大早就讓別人既有的行為模式，破壞美好的一天嗎？

人都有情緒，這是基因設定好的，他人的冒犯會啟動大腦中的杏仁核，引發戰或逃的本能反應，本能就是不理性，所以絕對不能在情緒洶湧的當下採取任何行動。

我會暫時離開電腦，讓前額葉可以取代杏仁核，開始進入理性思考的程序。

① **用同理心去換位**：對方是早上便秘嗎？大不出來心情不好，買一顆通便塞劑送他聊表關心之意。

② **用溝通取代筆仗**：去找對方聊聊，有些人真的是文筆待加強，Email又沒

有音調、表情做輔助，很容易產生誤會，當面問清楚對方是卡在什麼點上，我可以提供什麼解決方案，然後送一封Email出來跟大家告知結論。

職場就是江湖，有人的地方就是要喬事情，就像整骨一樣，把每個人心裡不平衡的小角落，花點時間，用點小心思去校正，整個人就舒坦了。同事就這樣，聊得來我們多說兩句，聊不來也不用討厭人家，他可能也覺得當你同事很衰哩。

Part 3

變身神獸
職場談判術

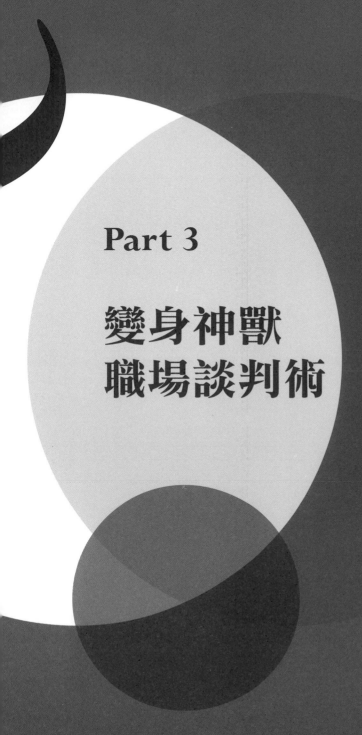

你喜歡當社畜嗎？

我不喜歡，也相信你不喜歡。被認可與尊重是人類基本的情緒需求，在正常情況下不應該放在市場上換錢，薪水、福利、歸屬感與成就感都是工作者應該從工作中取得的報酬。

道理很簡單，那為什麼大部分的人還是在唉唉叫，抱怨薪水是用尊嚴、忍耐與源源不絕的負面情緒去交換來的呢？

因為大部分人都沒有鍛鍊職場肌肉，罹患無可救藥的無力症，只能軟綿綿地打不還口、罵不還手，有屎張嘴吃，有淚不敢流。

無力的人聚集在一起就是要罵得勢的賤人，最常聽到的問句是：「那個人那麼鴨霸，大家都討厭他，為什麼他可以在職場上一帆風順？」或是「他就是一個雙面人啊，難道他的主管不知道他對上逢迎拍馬，對待同事卻是有如雜草一般踐踏嗎？」

答案很簡單，你心目中自私自利的賤人，非常清楚自己在職場上要得到什麼，還有誰可以協助他們完成目標，他們都懂得必須開口要才能有糖吃，他們心無旁騖，專心致志地為自己爭取更多。

只懂得吃屎的好人，就等著被免費的利用吧。

想一想，你是不是總被要求收拾同事的爛攤子、承擔更多的專案，每天忙到懷疑人生，但升官加薪輪不到你，因為你沒把時間花在陪老闆的兒子打籃球，或是記得老闆對牛奶過敏、買咖啡時貼心地換成燕麥奶拿鐵。

或是你總是看到方方面面不如你的人，得到你心中的夢幻工作，僅僅是因為他主動去爭取機會，而你內心戲演太多，用「可能會失敗」的恐懼，說服自己試了也沒有用，從此在職場的角逐戰中止步，用盡一生感嘆千里馬遇不上伯樂。

更慘的是你跟主管不對盤，他就是千方百計要你走，調去做你根本沒興趣的職位，每天把你叫進小房間罰站聽訓或乾脆直接在公開場合羞辱你，把你搞得膽戰心驚，最後再給你績效考核不及格的重重一擊，讓你傷心、讓你失望、讓你感到沒有明天、讓你心甘情願捲鋪蓋走人。

以上所述的情境，通通可以從生命中消失，只要在大腦中放進一個「談判開關」。

談判是為了達成目標，而要另一個人去幫我們做或不去做某事的過程，只要心中有想要得到的東西，不管是應徵一份工作、參加一個專案、得到公司付費的培訓機會或是爭取彈性工作時間，就要有意識地把談判開關打開，堅定地告訴自己：「我想要得到他。」然後追問：「需要什麼資源，誰可以幫助我取得這些資源。」

我靠著學習與運用職場談判，成功地完勝打怪的挑戰，讓我明白上班族不需要當社畜；跟公司爭取到資源做「工作生活家」社群，讓我打開眼界並畫出人生第二條曲線；拒絕我沒有興趣的調職持續做喜歡的工作，讓我的工作就是好好生活。

好人更要學習如何突破心魔，主動開口談，為自己爭取更多。

啟蒙主義哲學家康德說過：「如果你決定把自己活成一條蟲，就別抱怨別人總往你身上踩。」**請從今天起打開大腦中的談判開關，搞清楚自己想要什麼，不想要什麼，做自己的代言人，只要願意開口爭取，我們就可以不再當社畜。**

神獸入門課：克服職場五大虛擬恐懼

你有沒有想過，為什麼會甘心做社畜？為什麼會自願把自己做小，小到如同塵埃般卑微？

“Playing Small”是英文片語，描述一個人的行為被恐懼、不安、擔心失去與自我認同低落所驅動，“Playing Big”是光譜的另一端，人類行為是因為深度自我認識、認同並為了追求自我目標而產生。

我也曾經“Playing Small”，剛剛進入M社的我，不停地被主管暗示：「你不像一個M社人」、「你做事的方式不是M社Way」。我快嚇死了，滿腦子都是問號：「什麼樣的人是M社人？」、「該怎麼做事才符合M社Way？」無數的問號，讓我迷失在沒有答案的疑惑裡，職場成為一座無重力的太空艙，我漂浮在半空中，雙腳踩不到地，每天小心翼翼地伺候著，感覺起來能提供標準答案，同時掌握生殺大權的那個人的喜怒哀樂，我害怕脫離太空艙，害怕會往無法預測的深淵墜落。

若干年後，完成了打怪的史詩級任務，我還活得好好的，雙腳終於踩在實心的地面，我開始探索過去是社畜的自己，那些揮之不去的恐懼究竟從何而來？深夜裡一堂Life Coach的線上課，讓我找到了答案。

在職場上有五大類型的恐懼，會讓工作者不敢盡全力地展露最好的自己。

一、被評判的恐懼

通常只要我們不去或去做一件事，藉口的開頭是：「我不希望別人認為我是——。」恭喜你已經在成為社畜的評分表上得了一分。有一位常常會來找我請教怎麼挑戰職場怪獸的小妹妹，某一次諮詢時，可以用肉眼看出她的疲憊，病懨懨地連說話都沒有能量，她說：「我累斃了，每位業務去客戶端都要求我一起去，也不說要我去幹什麼，就坐著當人形立牌，上班時間都在開會，事情還是要做啊，只好每天都加班到三更半夜。」我問她為什麼不拒絕無效的會議，她搖搖頭，無奈地說：「不敢啊，我不希望別人認為我是推工作的人。」

很熟悉的場景吧，我們害怕被說成愛表現的人，所以不敢在開會的時候說出自己獨特的看法；我們害怕被說成是難搞的人，因此在專案的執行上放水，不願意擇善固執；我們害怕被說成是不服從的人，所以對有權勢的人言聽計從。就像是過去的我儘管有夠不爽，還是乖乖地在假日幫老闆的媽媽煮雞湯，還得專車送到家。

二、被拒絕的恐懼

在職場上很多為自己爭取更多的要求，還沒說出口前，已經讓「被拒絕了怎麼辦？」的靈魂拷問扼死在腹中，連對方拒絕的劇本都幫他寫好，甚至寫得比你的提案更精采。被拒絕是痛苦的經驗，我們無法克制自己去聯想「是不是因為我不夠格，所以才會被拒絕？」為了不要承擔這樣心理壓力，不要一遍又一遍地讓自尊被踐踏，我們把嘴巴閉上，騙自己：「現在這樣就很好，我什麼都不想要。」

三、能者多勞的恐懼

我有一位朋友在同一間公司待了十幾年，用年資熬成了中階主管，同時是兩位青少年的母親。她是位非常能幹的專業女性，但她卻選擇盡量的保守與低調，她不要力求表現，因為不想再升遷，往上爬意味得承擔更多的工作與責任，會破壞目前工作與生活的平衡。很多時候我們都這樣告訴自己，留在舒適圈就好，讓自己看起來碌碌無為，才不會被逼著要在工作與生活中做選擇，就因為害怕改變既有的模式與慣性，我們傾向放棄迎向更大挑戰、釋放所有潛能的機會。

四、冒牌者的恐懼

是的，這一次我成功了，完成一項了不起的專案，或是獲得了本年度最佳業務的獎勵，這真的是我的實力嗎？還是運氣呢？二〇一九年我拿到一座象徵傑出員工的金牌獎，有同事提醒我，要小心金牌獎詛咒，歷史上很多金牌獎得主第二年都會做不到業績，還有人丟掉工作。演藝圈也有得獎魔咒，相傳得到金鐘獎、金曲獎的藝人，在事業上會有三年的下坡路。因為花無百日紅，所以我們害怕一時的成功無法複製或延續，從雲端上摔下來，比從來不曾爬上去更令人感到絕望，不如從一開始就不要躁進，不要妄想自己可以成功。

五、失去自尊的恐懼

沒有什麼事比自己都看不起自己更悲慘了，所以我們裹足不前，不去嘗試新的事物，因為我們想要保護在內心深處的自尊，只要不去做，就不可能會失敗，我們就可以輕而易舉地麻痺自己：「不去做不是因為我不行，而是因為我不想。」就像我的減重史，我知道自己超重，很多漂亮衣服都不能穿了，但我也知道減重是一項非常需要毅力的任務，我怕減重失敗讓我得承認自己是一個不自律又沒有毅力的人，於是自我催眠「人生短短幾個秋，與其痛苦的減重，不如做個快樂的胖子」，直到我健康檢查發現飯前血糖超標，才開始面對過重的問題，認真的行動，用八個月的時間減重十公斤。

上述的五種恐懼真的存在嗎？

不是，他們都不是真的，他們只存在你的大腦中，因為聽到別人這樣說過，因為你自己曾經的經歷，讓這些假設逐漸凝聚出真實的形象，讓我們分不清楚是真是假。

我們知道自己是隻社畜，我們很討厭這樣的身分，但因為那五大根深蒂固的恐懼，我們不敢把社畜的標籤撕掉。

絕大部分的上班族無法心想事成的關鍵不是「不能」而是「不敢」，壞事還沒有發生，已經把虐待主角的劇本寫到完結篇了，把自己嚇得半死，怎麼可能有力去採取行動？

我們總想著不要惹事，安安穩穩地領到一份薪水就好，但你忘了問自己「工作的目標是什麼？」是多賺一點錢？是取得更高的成就？是證明自己的實力？還是光宗耀祖？再來就要追問另一個問題，忍氣吞聲做社畜能夠讓你達到職涯目標嗎？如果可以，恭喜你走在正確的路徑上，若是不行，你為什麼還要放縱自己蹉跎光陰呢？

從心裡渴望改變是一件需要巨大能量的任務，工作者需要非常明確的目標，才能在職涯地圖上畫出一個指南針，堅定地一步一步向目標靠近，避免五大恐懼產生的情緒讓你誤入歧途。

希望花錢買這本書的你，同時買到了讓改變成真的巨大能量，理解五大恐懼都不是真的，他們只存在你大腦的假設中。在進行下一章之前，請你回想職場中的重大事件，每回在你感嘆自己是隻社畜的時候，發生什麼事？又是哪一種恐懼在作祟，讓你不敢為爭取自己的權益或尊嚴發聲？只有一種方法可以擺脫恐懼，**請勇敢的面對它吧！**

Home Work

找一個安安靜靜，只屬於自己的時間與空間，腦中投射出那個在職場上委曲求全的自己，請你用一點好奇心探究自己為什麼會害怕，又到底是在害怕什麼？

職場上的社畜事件：

評估是哪種恐懼，讓你不敢為自己發聲

（1～5分，5分是影響最大，1分是影響最小）

被評估的恐懼

○ 1

○ 2

○ 3

○ 4

○ 5

被拒絕的恐懼	○	○	○	○	○
能者多勞的恐懼	○	○	○	○	○
冒牌者的恐懼	○	○	○	○	○
失去自尊的恐懼	○	○	○	○	○

完成了恐懼能量的自評了嗎？

接下來的章節，我會用自己親身實證過不用做社畜也可以好好上班的方法，引導大家擺脫不存在的恐懼，我們只需要四個相信，就能掌握麥克風，成為自己職涯的代言人。

1. 相信凡事皆可喬

2. 相信我值得

3. 相信能上得了桌

4. 相信結果可以改變

買車、買房你會討價還價，面對客戶你會為了公司權益據理力爭，但職涯看不見、摸不著，沒有具體的目標，於是我們就不知道該怎麼爭了。

所以我希望可以幫所有的上班族打開談判開關，只要你想要改變現狀、想要升級、想要變得更好，你需要資源，需要某人去做一些事，或不去做一些事，來幫你達成目標，整個溝通的流程，就是在談判，而職場談判力就是能為你爭取更多的肌力。

這本書的使命就是讓所有無能為力的工作者「相信」，有勇、有謀就能上桌，上了桌就有力，有力的人不是社畜，有力就是神獸。

神獸誕生三部曲

首部曲：我們不可能得到自己不想要的東西，請搞清楚你要什麼

當我們身為公司的代表，為組織的利益進行談判時，腦子很清楚最終的目標是什麼。我們希望得到最好的價格，或是拿到最多的折扣，我們知道誰坐在談判桌的另一邊，是供應商、經銷商還是終端用戶。但當我們想要在職涯上獲取成功，為自己爭取更多資源、更多支持以及更多鼓勵的時候，到底應該跟誰談，目標應該是什麼，似乎就沒有那麼篤定了。

我有一位總是在職場上做公益事業的朋友，為了方便說故事，我們姑且叫他小李吧。小李是一家外商科技公司的行銷經理，能力獲得業界的肯定，資歷也夠深。當部門老闆有眼無珠請來一位光說不練的新同事，交付給他的任務全部掉在地上，老闆快狠準的解決方案就是把麻煩丟給小李，理由非常的高大上，要小李與新同事組成一個小團隊，小李擔任組長，承擔起協助新同事上軌道的責任。小李就這樣當起了救火英雄，從旁協助新同事處理大大小小的事務，新同事也好像抓到救命的浮木，每一件事都要鉅細靡遺地請教小李，每一個會議也都邀請小李參加，小李累慘了，彷彿做了兩人份的工作，小李安慰自己，只要等新同事不要那麼菜，他就能獨當一面，小李的負擔也就不會那麼重了。

現實總是比夢想殘酷，新同事愈來愈依賴小李，所有的專案小李都必須從頭參與，還老是要跟在新同事屁股後面收爛攤子。新同事在部門聚餐的時候，跟小李勾肩搭背說：「我們真是一個天衣無縫的團隊。」小李都快要哭了，心裡在咆哮：「無縫都是因為祖公我加班在幫你補洞！」小李覺得再也無法負擔如此龐大的工作量，這樣的狀況不可能無限期地繼續下去。他可以繼續協助小李，但主管必須要求小李對績效負起責任，或者應該為自己的工作爭取可以提高效率的資源，又或者他可以利用這個機會與老闆談判，讓協助新同事成為晉陞管理職的階梯。

解決工作量過大的問題，選項可以無限多，但主管不是阿拉丁的神燈精靈，不可能滿足所有的願望，小李希望得到想要的結果，第一步就是「搞清楚他到底想要什麼」。

這是非常簡單的邏輯，如果你不知道自己想要什麼，怎麼可能得到你想要的東西呢？目標不同，談判需要準備的資訊與策略也會不同，如果小李想要升成管理職，他必須從帶領新同事的過程中證明自己的領導能力，說服主管他已經透過實戰做好轉換角色的準備；如果小李是想減少工作時間，讓工作與生活更平衡，他需要找到從額外的工作中抽身，又不會得罪老闆的方法。

在我協助小李梳理職涯目標後，他決定晉升管理職是他下一階段努力的方向，他想要藉著與主管定期職涯會談的機會，以輔導新同事完成任務做為例證，說服老闆他是一位具備領導潛質的人才，他希望可以獲得主管培訓的機會，進入公司培育管理職的人才庫，為將來晉陞為部門主管奠定基礎。釐清目標後我們就可以進行下一步。

二部曲：做好準備才有自信上桌

你設定的職涯目標將成為自我實現的預言，目標設得高，更有可能比對自己沒想法、沒自信的人取得更高的成就。假設你今年想要跟老闆要求加薪，應該爭取多大的增幅呢？這時你腦子裡出現一個聲音：「別傻了，老闆答應就偷笑了，加多少還不是要看老闆的心情。」在尚未展開行動之前，你已經在為可能的失敗編寫劇本，給自己留後路才不會太難過，同時也給自己不要奮力一搏的藉口。很多工作者熱衷於投資，花了大把時間研究股市明牌與虛擬貨幣，希望可以多賺點錢，面對跟自己每月收入最具相關性的職場談判，卻不想用點力思考與準備，來幫自己爭取更多的福利與薪酬，真的很奇怪。

上班族想要有錢，最應該做的事就是認真的對待職場談判，為了得到你想要的加薪、升官、彈性工作時間或外派體驗異國人生的機會，你需要在進行職場談判之前，收集正確的資訊。資訊就是力量，當你手中掌握足夠的資訊時，你將不只敢於提出要求，還能有自信設立一個高出預期的目標，增加自己與主管協商的空間。

你至少需要蒐集兩種資訊，對職場談判的成功有關鍵性的影響：

① **可以協助建立談判基準線的資訊**。例如政府統計資料、產業調查報告、公

司規定或是前人的經驗。就以上班族最在意的薪資談判為例，在提出要求前就要了解該公司的薪酬制度與那個職能在同產業的薪資水平，正確地設定談判目標的基準線，才不會讓自己吃虧或是讓對方覺得你很瞎，根本沒有談的誠意。

②**談判中的關係人資訊**。坐在桌子對面那個人，他是誰？他在乎什麼？他討厭什麼？溝通的風格是什麼？再來就要進一步探索，誰可以影響對面這個人？更重要的是你一定要搞清楚，他是真正可以做決策的人嗎？很多公司的中階主管根本與花瓶沒什麼兩樣，最終決定還是要高階主管拍板才能定案。

讓我用已經設定好要將下一階段職涯目標，設定為晉升部門主管的小李為例，他需要什麼資訊協助他建立談判的基準線？他可能必須先跟人資部門聊聊，理解公司對於部門主管職能的要求，也要求助於其他的部門主管，了解他們的背景、受過什麼訓練、拿過什麼證書、有過什麼值得被晉升的豐功偉績，然後與自己的經驗比對。這樣小李就可以決定他是要立刻開口要求老闆賦予他主管職，還是要將時間拉長，先表明自己日後要擔任部門主管的企圖心，並讓老闆知道他已做足了功課，充分理解公司對部門主管的要求。談判的重點在於獲得成為主管應有的歷練與教育訓練，當我們對別人的需求以及背後的動機瞭解得愈多，你就會愈有自信和自在地開口要求你想要的東西。

接下來的關鍵步驟是收集有關「人」的資訊，首先請在心裡大聲地告訴自己：「我需要用談判爭取對方的合作，才能夠順利得到我想要的東西，完成目標。」談判最大的心理誤區就是把桌子對面那個人視為擋著地球轉的敵人，我們必須把對方當成夥伴，在小李的職場談判中，老闆就是協助他取得部門主管門票的夥伴，我們要盡一切努力，用正面積極的態度去面對桌子對面的人，用好奇心去探索他想要什麼？他可以從我身上得到什麼？他正面臨什麼挑戰？我可以幫助他嗎？我們還必須了解他偏好的溝通方式，正式還是非正式？情感訴求還是理性訴求？單刀直入還是需要背景資料。

小李上過我開的價值談判課，他知道掌握人的資訊是談判成功的基礎要件，他做足了功課，透過觀察以及訪談同事，結論是老闆是一位直來直往的人，不喜歡太多的廢話，偏好省時省力的直球對決，因此小李沒有彎彎繞繞的開場白，直接就告訴老闆他的目標是要晉升部門主管，希望能取得老闆的支持，接著提出事實佐證自己已經做好勝任管理職的準備，再有禮地請老闆提供回饋與指示。用對方熟悉的方式溝通，不禁表現了尊重，也讓對方能夠更自在，因而願意用開放的心胸，考慮我們的提案。

三部曲：展現價值才會被邀請上桌

我們已經知道自己想要什麼，也蒐集到所有背景資料，做好充足的準備，最困難的挑戰現在才開始，你要想辦法讓對方願意跟你談，若是上不了桌，所有前期努力都是白日夢。職場談判並沒有正式的規則、結構與流程可以參考，你必須要理解並利用人性，換位思考一下：「對方憑什麼要花時間在我身上？」答案是我們身上有對方想要的東西，也就是透過你這個人，替對方在工作、人際關係、甚至是自我感覺上創造了價值，對方需要你心甘情願地把他想要的東西交出來，你則要想盡辦法用對方想要的東西把你想要的換回來。

請記住沒有價值的人上不了談判桌，你以為自己是台灣水牛，總是在角落默默地耕耘，錯把苦勞當功勞，若只是花時間與體力，每個人都做得到，那不是你的獨特價值，只要無法展現獨一無二的價值，在職場上就沒有談判的籌碼。工作者的價值是能為主管及組織取得的成就，不是只有完成任務而已喔，而是要聚焦在只有你能夠「達到」，因為你獨特的個人特質、技能、經驗或人脈而讓主管或企業感到驚艷的成就，例如超過目標的營業額、前人無法成交的客戶、別人解決不了的奧客，其他同事無法協商的部門衝突。

接著請記住另一件更重要的事，工作能力出類拔萃、工作表現超常發揮，但主管與企業中可以協助你升官發財的重要關係人不知道，就一點用也沒有。大部分的工作者都害怕過於自我推銷，擔心被貼上臭屁、驕傲、鑽營等等負面的標籤，當我們的表現很好，甚至很出色時，請一定要懂得包裝與說故事，讓能夠在職場上成為助力的人知道，為了給將來你需要做的每一次職場談判奠定基礎。

想要變身神獸，掌握職涯發展的主導權，你需要持續不斷地讓重要關係人明白你的價值，當你心中有所求，就是啟動大腦中談判開關的暗示。聚焦找出可以協助你得償所願的人們，然後站在對方的角度，用對方重視的事物來評估自己的價值，也就是讓對方願意跟你上桌的價值主張（Value Proposition）。

你的價值主張分為兩部分。**第一個是你在專業領域取得的成就，第二個則是對方看重的東西**，兩者若能夠有交集，就可以成為讓對方願意與你談判的誘餌。舉例來說，你是一位具有多元能力的膠水人，可以協助組織內不同職能的人溝通，消除誤解、減少衝突，讓團隊關係融洽而能夠無縫協作。但對於一位關注業績是否達標、成本是否可以降低、凡事只重視數據，以結果論英雄的主管而言，你的價值是團隊的啦啦隊，並不能讓他買單，你需要重新包裝，讓團隊無縫協作與數字相關的績效產生連結。

還記得小李嗎？他被要求帶領一位新同事，做著主管的工作，卻沒有名分，小李沒有默默地把這坨屎吃好吃滿，他決定要運用這段經歷來要求晉陞主管職。當小李準備與老闆談判時，他需要評估自己為組織帶來的價值，他所具備協助新同事上手，融入企業文化，快速提供產能的能力，具體來說能夠產生哪些可量化的價值，小李可以蒐集過去新手上任到能作戰需要花費的時間來比較，也可以找找坊間是否有該產業協助新人進入狀況的課程，將節省的培訓費用類比為自己為公司創造的價值。

永遠不要誤認為主管欠你的，時間到了就該加薪，年資夠了就會升職，這都是不切實際的幻想。

有一位朋友跟老闆要求升職的開場白是：「我已經在現有工作兩年都沒有升職。」老闆拒絕的方式也很直白：「那我怎麼辦，我已經六年沒有升職。」那場績效面談把朋友氣到快要腦中風，他氣急敗壞地抱怨：「職等那麼高，是還要怎麼升，他就是敷衍我。」

其實這是種瓜得瓜、種豆得豆的結果，企業又不是學校，每年都可以升一個級別，不想被老闆敷衍，必須讓自己對主管的貢獻顯而易見，這不是一場績效面談可以做到的事，而是在你設定職場目標時，就要開始運作的工作。只有價值可以被看到的人，才能在適當的時機，讓適當的人，坐上談判桌上，讓你得到你想要的事物，心想事成。

Home Work

看完小李在心中重生成為神獸的故事，現在換你了喔，我們一起來完成神獸誕生三部曲才能往下一章前進。

①在職場上你最迫切得到什麼？為什麼呢？

②得到你想要的東西，你需要了解哪些資訊？需要誰來幫你的忙？

③你有什麼價值？讓你希望來幫你忙的人願意讓你得償所願？

神獸育成三步驟

第一步：出選擇題而不是是非題，達到目標的選項愈多愈好

為什麼需要在職場上為你想爭取的事物談判？也許你想要在組織內部轉調，擁抱全新挑戰、你想加入一個有趣的專案、你希望公司可以出錢支持你在職進修，或是你忙到焦頭爛額，唯一的奢望就是老闆願意幫你的團隊補足人力。不管你要什麼，都是希望可以「改變」現狀，你的主管與企業需要因應你期望的改變做出更多的改變，而這些改變可能會影響很多人。

你面臨的挑戰非常艱困，因為當你提出要求時，在別人的心目中，你可能會成為一個待解決的問題，老闆都不喜歡面對問題，他們只喜歡解決方案，當你被視為問題的製造者，你所期望的改變就會成為人人避之唯恐不及的麻煩，讓你與目標漸行漸遠。

不想成為老闆心中的麻煩製造者，你應該要避免讓決策者陷入Take-It or Leave-It的二分法陷阱，舉例來說，你想在績效面談的時候提出加薪10%的要求，在神獸誕生的篇章，你已經學會了換位思考，從對方的視角來檢視我們提出的要求，你也明白必須要充分蒐集資料來提出「合理」的要求。成為一個能夠主導職涯發展的職場談判高手，你必須要進階，不要讓自己被逼進加薪10%或是什麼都得不到的死胡同。10%的加薪幅度是我們希望在這場談判得到的終極利益，但你知道這件事沒有前例，所以準備了多重的創意選項，例如加薪5%但每週可以有一天遠距上班、加薪3%搭配增加一週的有薪年假。

介紹一個運用心理學的談判小技巧「錨定選項」，錨定效應是人類做決策常見的認知偏誤，最先出現的資訊會成為基準線，隨後發生的資訊會不自覺地拿來跟基準線比較，再做出決定。當你提出加薪要求時，其實你並沒有那麼死要錢，對你而言最棒的選項是「加薪3%搭配增加一週的有薪年假」，為了設定心理錨點，你可以率先提出讓老闆超級為難的要求「加薪10%」，老闆理解你對組織的價值，但10%真的超過他可以拍板定案的額度，為了滿足你的要求，他必須說服老闆的老闆、其他部門的老闆，還有HR為你開一個先例，愈想愈頭痛。此時你貼心地提出其實可以體諒老闆的難處，加薪幅度可以商量，但希望可以在不影響工作的情況下，完成環遊世界的夢想，請老闆支持增加一週的年假。運用**錨定選項的目的就是將雙方討論的核心焦點，從你一開始提出的「麻煩的問題」，轉化成「可以喬的解決方案」**。

提出一個選項，你只給另一個人一種選擇「是或否」，這是零和賽局，桌上總是會有一位失望的人，在職場上失望的人你認為是誰呢？往往是沒有職位權力（Position Power）的你啊。如果每一次提出要求，都能提醒自己必須要有創意提出多重選項，就可以將你與主管的討論從「是或否」轉移到哪個選項對彼此都有好處，不管談什麼，你都不會空手而歸。更大的優點是你不會因為職場談判失敗而灰心喪志，你將能從一次又一次小小的勝利中，累積成為神獸的強大自信。

「工作生活家」社群中有一位在零售業擔任行銷經理的好朋友，也是為了講故事方便，我幫她取個化名叫做小瑛。小瑛剛剛迎來生命中第一位寶寶，她希望可以多花一點時間陪伴新生兒，公司在新冠疫情爆發的期間實行遠距辦公，小瑛在遠距環境中的協作與管理能力有目共睹，為了扮演好母親這個全新角色，她想要跟主管爭取彈性辦公時間。她所在的團隊非常年輕，只有她有育兒的需求，小瑛很擔心主管覺得她是個麻煩人物，畢竟目前的工作方式與時間對其他人都沒有問題，如果小瑛要求彈性工作時間，相對會影響需要跟她合作的人的時間安排。因此小瑛沒有單刀直入問主管可不可以為她開先例，允許她彈性工作（這是二分法陷阱），而是用提案的思維帶著具有創意的解決方案去找老闆溝通，先讓老闆安心，她準備的彈性工作提案，可以在不打擾團隊其他人的情況下運作，而且她準備了不只一個選項，主管不需要被動接受，而是可以討論哪個選項影響最小，最容易執行。

第一個選項是每週小瑛到辦公室工作四天，但工時延長到十小時；第二個選項是每天進辦公室，但時間縮短成十點到四點，不足的工時，小瑛在準備完晚餐、哄寶寶睡覺後用遠距的方式補足；第三個選項是工作全面改成遠距，不影響工時，但每週二部門週會時，小瑛會全天在辦公室工作，與團隊成員互動。

與主管溝通的過程非常愉快且有建設性，小瑛依據自己的需求，準備不只一個選項，並在對話中引導主管積極參與討論，最終讓主管感覺自己是「主動」規劃了一個能夠體恤轉換人生身分的女性員工、又能讓部門運作不受影響的解決方案。

請大家記住喔，上桌之前一定要大開腦洞，為滿足你的需求，準備多個創意選項來開啟職場談判，讓職場的關係人做選擇題而不是是非題，對方會成為你往目標前進之路的夥伴。

第二步：先跟自己談判吧！立場與利益分不清楚的人，什麼都得不到

成功的職場談判奠基於「明白自己想要什麼」。如果你不知道自己在職場上想要的是什麼東西，將無法產生強大的動機與信念去爭取，最終就是什麼都得不到。為了更清楚地解析自己想要什麼，首先我們必須理解「立場」與「利

益」的區別。

為什麼你要開啟職場談判？有一樣你非常想要的東西，可能是錢、假期、新機會或是完成任務的資源，這些事物就是談之前沒有，談之後可以得到的談判目標。針對這個目標，你會有一個明確的要求，如果談判的目標是薪水，你會說：「我的要求是加薪10％」，如果你的目標是爭取更多的資源來完成手上焦頭爛額的任務，你的要求可能會是：「我需要在專案中增加兩個人力。」這些要求就是你在談判中的立場。沒有經過談判訓練的人，在準備談判的時候會僅僅聚焦在立場，只考慮到自己要什麼。這時候問題來了，你的立場常常會跟與你談判的人恰好相反啊，你想要加薪，主管想要省錢；你想要休假，老闆希望你做到爆肝；你覺得完成目標的資源不夠，總經理覺得已經給的太多。

由於雙方立場迥然不同，遇上職位權力不平等的對手時，職場談判就有兩種可能的結局，一是你在組織中的價值不明確，老闆毫無懸念拒絕你的要求，你只能黯然回到座位，摸摸鼻子自我安慰說：「至少我試過了。」但這樣的結果對後續的職涯發展影響非常負面。你提出的要求被拒絕了，但你毫無反應繼續做該做的事，老闆會在筆記本上你的名字旁邊註記「逆來順受」，讓你徹底失去讓老闆上桌的職場談判力。二是你們會像在菜市場買魚買肉那樣討價還價，你要求加薪10%，老闆只打算給你3%，雙方的討論在兩個數字間攻防，最後彼此妥協，兩個人都不開心。

當你只就說出口的立場進行談判時，就是在跟對方拚輸贏，身為一位上班族，面對企業與老闆，往往只會輸不會贏。想要在職場上要風得風、要雨得雨，你得有好奇心，你得要深入的探索，雙方真正想要的是什麼，你必須要找出支持立場背後的利益，那才是真正的價值所在。

首先絕對是要先搞清楚自己在乎的利益，你為什麼想要10%的加薪？可能的原因很多，你認為過去這一年戰功彪炳，10%的加薪是公司應該給你的回報；或是你剛剛參加同學會，發現你的薪水低於同齡人的水平；還有可能是聽到與你有類似年資與經歷的人得到更高的報酬，覺得自己的努力被低估；也有比較實際的理由，剛剛生了孩子，花費增加收入也需要增加。同樣是想要加薪10%，每個人背後的故事都不相同，若是你能夠讓自己把故事講出來，你會發現除了硬梆梆的要求10%的加薪之外，還有很多不同的手段與方法可以滿足需求。

舉例來說，凱文覺得自己的績效值得更高的報酬，除了每月固定的薪水外，可以協商獎金計畫來補足期望的年薪，提案將薪酬與績效更直接地聯繫起來。

莉莉認為自己相對於其他人的薪酬過低，面子掛不住，她可以藉由協商，理解公司設定薪酬的的標準，據以與主管制定職涯發展計畫，逐步調整薪酬。

小王則是因為覺得工作量太大，加班太頻繁，把加薪當作是一種補償，但其實降低工作量或是增聘更多的員工來幫忙才應該是談判的目標。

準確地找出自己想要什麼，也就是你實際上想要藉由談判創造的價值，才能真正的解決問題。我們來看看老王的案例，主管應老王的要求為他加薪了10％，但老王仍然天天要加班，過勞的問題沒有被解決，他還是每天負面情緒破表，不停地抱怨。主管從旁觀察，會覺得老王好難搞喔，滿足加薪要求還要得寸進尺，心中默默地把老王的分數扣光光。

想要在職場上做一位神獸，必須時時刻刻自我提問：「**在工作中真正想要得到什麼？**」當你在為面試、績效面談甚至是定期與主管的會議等職場談判做準備時，你一定要搞清楚這一次對話要產生什麼價值，你可能同時有很多想要的東西，你必須要能依據你的職涯與生涯規畫目標，決定優先順序。對自己的目標愈清楚，愈能釐清自己想要什麼，不太需要的東西就可以大大方方地拿出去交換。請記住立場是你提出的要求，能夠得到利益才是你想要的價值，也是你提出要求的原因，為職場談判能夠做到最好的準備工夫就是搞清楚立場背後潛藏的利益，才能夠提出人人都能贏的創造性選項。

第三步：在職場上先想到利他，才能夠利己

你必須做好心理準備，在職場上不可能得到所有你想要的事物，你不可能一方面要求參與充滿挑戰性的專案，一方面又要把工作與生活完美切割，下了班就把工作的事完全放空；也不可能要求一邊旅行一邊工作一整季，同時又希望可以在當年被升職與加薪。職場中你想要的事物通常掌握在位階比你高的人手上，他們要考慮與照顧的人與事非常多，除此之外，因為他們捏著你每個月的薪水袋，你還不能跟他用強的，那要如何在他們分配的各式各樣的大餅中，得到你期望的鋪滿最喜愛配料的那一塊？

很多人會忽略，老闆除了擁有管理者的身分之外，他還是一個「人」啊，

他也會有人類共通的喜好。心理學家羅伯特・席爾迪尼（Robert B. Cialdini）出了一本溝通界的神書《影響力——讓人乖乖聽話的說服術》，書中介紹六大影響他人的密技「互惠」、「承諾和一致」、「社會認同」、「喜好」、「權威」和「稀缺性」。職場關係存在是為了完成共同目標，善用「互惠」這個影響力法則，把你想得到的事物（支持立場的利益）與主管或組織的目標掛勾，讓老闆不自覺地成為跟你站在同一邊的合作夥伴，由於給予你想要的東西可以幫助他達到目標，在龍心大悅之下，自然而然會令你得償所願。

讓我們來回顧一下小瑛的故事，她剛剛成為母親，希望能有更多時間親力親為照顧新生兒，想要老闆同意她可以彈性工時與遠距工作。她仔細地研究了公司的發展方向，發現每位主管都被賦予一個關鍵績效指標（KPI）「促進職場的多元與共融」，創造對女性友善的職場環境是其中最有亮點的項目，小瑛提出彈性工作要求時，不僅僅讓老闆理解她已經充分地思考過如何在遠距的狀態與團隊保持無縫合作，同時提出她的案例可以證明部門響應公司政策，還有什麼事情比讓新手媽媽可以一邊照顧孩子、一邊工作對女性更友善？小瑛主動釋出對主管有利的附加條件，她願意在社群媒體分享公司的德政，也會將她的故事整理成簡報在公司的季會上分享。同意小瑛遠距工作，既不會影響到團隊運作，又能賺到對女性友善的好名聲，還可以響應公司重視的政策，這樣讓主管有面子又有裡子的提案，怎麼可能會被拒絕呢？

我參加的第一堂談判課，老師說談判最重要的黃金法則是"Always Trade"，翻譯成中文很有禪意「有捨才有得」。職場談判大師會時時提醒自己：「**要先向對方釋出善意的橄欖枝，才能換回自己想的東西。**」放在桌子上的選項愈多，愈能夠促成雙方都滿意的交易，因此絕對要避免緊抓著單一的議題進行談判。用小瑛的例子說明，爭取遠距工作是讓老闆為難的單一議題，但小瑛聰明地把主管必須促進職場多元性的關鍵績效指標加入談判的議題，用互惠法則讓老闆同意她的請求。

「時間」在談判中是一個很重要的條件，當你只專注在眼前的利益，很容易讓談判陷入僵局。讓我舉個例子來說明，莉莉看到了極大的擴張市場的機會，若是能夠啟動一個新專案，投入資金與人力來運作，肯定能取得非凡的成功。於是她提出一個包山包海的計畫，涉及嚇死人的投資金額與人力要求，但主管是一位謹慎的人，相信數據不相信美好的願景與故事，該如何取得共識呢？莉莉將時間這個條件放進與主管的談判中，主管擔心投資的結果不如預期，將對部門收益帶來負面影響，因此莉莉不堅持投資必須要一步到位，爭取先用小規模的資金來試水溫，看到成效再逐步擴大規模。

這是依據雙方對未來將發生的事情有不同期望進行的交易，移除對方不想要的事，也是一種可以用來交易的選項，莉莉不堅持老闆要支持完整的企畫，她知道退一步先贏得老闆支持啟動資金，之後才有海闊天空的可能。老闆願意達成協定，因為他不必賭太大為專案提供全額資金，又能享有若是專案未來能夠成功得到的好處，兩個人都是贏家。

一種米養百樣人，破除談判中常見的「固定大餅假設」，明白他人想要的東西不見得跟你一樣，彼此有可能不是爭搶相同資源的敵人，而是可以互惠讓雙方都得到利益的夥伴，能使你願意花時間與精力去發揮創意，提出更多能夠促成交易的創造性選項。與其將談判視為你死我活的輸贏或不切實際的雙贏，不如以達成互惠互利的結果為目標，讓雙方都能得到自己想要的東西，先想著怎麼利他，最終的結果才會利己。

Home Work

這一章我們學到若想要透過他人協助，得到心之所欲的東西，必須要讓「先想到利他，運用影響力」的互惠法則，發展愈多愈好的創造性選項，讓對方可以回答選擇題而非是否題。職場談判不為輸贏，而是要讓彼此都能得到自己想要的東西，討論出最佳的解決方案。上一節的作業你已經找到職場迫切想要得到的目標，這一節的功課要協助你思考怎麼得到它。

①跟自己談判了嗎？你到底想要什麼？支持你說出口的立場背後有什麼原因呢？

②你知道對方想要什麼嗎？答應你的請求對方能得到什麼好處？如何用互惠法則讓彼此都獲益？

③知己又知彼後，請提出達成職場談判目標的錨定選項與創意選項。

神獸降臨制霸職場反派

不用我提醒你，也能從親身經驗中體會職場不是一顆粉紅色泡泡，這個地球上什麼樣的人都有，無法期待萬能的天神特別眷顧你，讓你的工作場域中充滿了好心人。反派人物是讓你的職場故事波瀾壯闊，無法被剔除的角色，因此你需要為反派隨時會發動的攻擊做好準備，畢竟當你為了實現職場目標勇往直前，勢必要改變一些事物，挑戰某些規則，以掃除路障，而你周遭的某些人，他們偏偏就不喜歡改變，就想要維持原本的樣態，於是你的積極進取會成為他們的眼中釘、肉中刺，欲除之而後快。他們不僅僅會站在你的對立面，還有可能會用激進的言語或行為來攻擊你。攻擊的目的有二，一是要讓你防守，只要你回應了攻擊，就不得不陷入見招拆招的被動；二是讓你感到被威脅，啟動大腦杏仁核的防禦機制，在無法理性思考之下採取戰或逃的行動。

反派的攻擊不會客氣，目的就是要你不爽快，讓你自亂陣腳，最終主動放棄你期望讓自己與組織都能變得更好的提案。他會質疑你的能力：「想要升職？你根本還沒有準備好。」或是「你沒有足夠的經驗主導新專案。」即便你已經用行動與成效證明了自己夠格，他們會轉向去攻擊EQ、價值觀、處事態度等等較難衡量以致於很容易各自表述的軟實力。就是因為可以各說各話，如果你自幼承受嚴格家訓，養出了溫良恭儉讓的風範，你可能會想「算了，好人不跟瘋子鬥」，或是你臉皮還不夠厚、心眼還不夠黑，被人無端抹黑，你立刻腦子充血，壓抑不住地發怒了，反派開開心心地請君入甕，掛著嘲笑你涉世未深的笑容說：「就說你EQ有問題，還不承認。」

身為神獸必須要能捍衛自我的專業與口碑，堅持走正確的道路，在追尋願景的漫長旅程中，要如何應對反派的攻擊？本章我要與大家分享神獸制霸反派的三大心法。

心法一：神獸會對事不對人，用提問取代反擊

當他人不想把你要的東西給你，而你的要求又挺合理的時候，經驗老道的反派不會直接拒絕，讓自己的表現失了風度，反之，他們會透過精心設計的話術，讓你感受到被冒犯、被攻擊或是被輕視。他們知道壓力荷爾蒙會挑起你的負面情緒，搞得你頭暈腦脹之後，忘記保持住職場溝通該有的風度。當對方發動攻擊，我們會不知不覺地想要保護與捍衛自己的觀點，成為防守方註定就是會被對方牽著鼻子走。

舉個例子說明，行銷經理小林在會議上熱情洋溢的介紹一個促銷活動，某

同事冷冷地打槍：「我不覺得這個活動會對銷售有幫助。」如果你是小林，當下反應是什麼？面子超級掛不住，心中大聲吶喊著：「你是哪位啊？」然後繃著一張大臭臉反駁：「我認為活動一定可以刺激銷售。」只是一個挑釁的問句，對話就被反派從「與團隊開展活動的執行企劃」，轉換成「這個活動到底該不該做」的攻防，花了精力安排會議，最終卻無法達到預期的目標。

當對方嘴巴臭，你會感到被冒犯，會忍不住想要生氣是很自然的。但讓怒氣引導自己的思考與行動就中計了啊！職場的溝通必須要理性，在衝突對話裡保持理性的不二法門，就是時時刻刻提醒自己「把事與人分開」。不要發生衝突，反射性就認為對方是壞胚子，故意要針對你，把衝突的原因聚焦在人的問題，會讓事情很難有轉圜的餘地，因此當我們意識到對方用「以人廢言」的方式發動攻擊時，請不要急著反擊，把對話的核心聚焦在你要討論的事情上。

最佳的戰術就是「提問」，讓我們回到行銷經理小林的會議現場，同事質疑他規劃的活動沒有效果，他可以有禮貌的提問：「請問你為什麼會覺得無效呢？」若對方單純只是想要鬧場，把你惹毛，在完全沒準備的情況下，絕對說不出有建設性的答案。反之，同事真的看到小林沒有思考到的地方，他只是表達方式比較機車，並不是有什麼壞心眼，小林藉由提問取得同事寶貴的意見，在會議中延伸討論，修正原先不夠完善的計畫。觀點換一下，勇於發言的同事就從敵人成了貴人，原本的衝突也因為小林尊重了同事的意見，轉變成合作，讓計畫可以順利的推展。

心法二：了解神獸熟練扭轉局面的四大祕訣，面對不同反派見招拆招

你覺得對付職場中的反派角色讓你心好累？不要擔心，打小人也有可以見招拆招的祕訣喔，接下來我要跟大家分享可以制霸反派扭轉局面的四大祕訣：

祕訣一：中斷不當行為

不管對方是冷嘲熱諷還是大吼大叫，只要你感受到被攻擊、被冒犯，就要立即中斷對方的不當行為，反擊只會讓衝突激化，沉默地讓對方唱尷尬的獨腳戲，反而可以讓對方冷靜下來好好談。若是對方真的很離譜，就直接按下暫停鍵，可以說需要去倒杯水或是上洗手間，爭取空間與時間讓衝突冷卻。

祕訣二：修正錯誤觀點

假設你是一位業務助理，希望可以爭取轉任業務代表，鼓起勇氣跟主管表明意願，但他心中早已有屬意的人選，於是主管敷衍你說：「我認為你還沒有準備好。」然後你默默地接受命運，忍住即將奪眶而出的淚水，有禮的跟主管道謝，走出他的辦公室就衝進樓梯間裡大哭一場。這樣的你不只這次不能轉職，毫無作為的下場是一輩子都沒有機會轉職；你應該要讓每一次的職場談判，協助你更接近職涯目標。主管說你沒有準備好，但你真的沒有準備嗎？這一回合你要修正對方的錯誤觀點，為自己爭取未來的機會，你可以說：「我能理解你為什麼會這樣想，但請讓我說明一下為了轉職，我做了哪些準備。」這一次或許沒搞頭，但已經將你夠格擔任業務這個種子埋進主管的心裡。

祕訣三：為不當行為貼標籤

在職場上反派可以使用的暗黑絕招很多，例如「人身攻擊」、「拒絕聆聽」、「先入為主」、「冷暴力」等等，告訴對方你知道他正在玩什麼把戲，可以有效改變遊戲規則。舉例你的老闆堅持不願意投資你的新專案，總是用沒時間當藉口，拒絕提案會議，你可以說：「本季我們會面對很大的業績缺口，卻沒有解決方案，我很好奇為何你不願意花時間聽聽看提案可以創造的機會。」讓不當行為的後果交給對方去承擔。

祕訣四：邀請對方與你角色互換

出一張嘴比捲起袖子來做事容易，總是有人會把他人辛勤工作的時間，用來細細地檢視成果，然後在雞蛋裡挑骨頭，你需要生氣嗎？跟這種人生氣是浪費生命，請冷靜地聽他大放厥詞，不用解釋也不要反擊，就有禮貌地問他：「如果你是我，會怎麼做呢？」這個問題會讓無腦批評的人，被逼著要用腦去提出有建設性的意見，這樣無聊的人通常都沒什麼腦子，幾個回合下來，他們就知道你是不好惹的神獸，自然而然不會輕易來招惹你了。

在職場上，我們難免會遇到與自己意見不同的人，也無法避免有些人會使出暗黑伎倆發動攻擊，阻礙你完成任務，往職涯目標邁進。有專業又有自信的神獸不會受制於人，神獸會主動扭轉不利的局面為自己創造公平競爭的環境，讓你的聲音可以被更多人聽見。

心法三：神獸能接受對方說不的理由，從中發展解決方案

在職場中出現的人，不管是主管、同事、部屬還是合作夥伴，彼此之間都有千絲萬縷、錯綜複雜的關係，就算他真的是個大賤人，你也不可能翻桌，指

著他的鼻子臭罵。你只能不停折磨自己，不由自主地想：「為什麼他要針對我？」然後皓首窮經找不到答案。相信我，糾結在反派誕生的故事，只是在徒然浪費生命與智力，你在賤人的生命中，沒有那麼重要，他根本就不是針對你而已。

反派攻擊你、抵制你，你到底應該關注什麼呢？你應該要思考的是他說不的理由。做每一件事背後都有動機，反派也不會神經病發作才想弄你，找出他針對你的動機，就可以找到他真正想要的利益與價值，然後對症下藥。

小朱在南部的製造業負責廠務，當我在某一場學習型社群聚會上遇到他，他正在考慮要轉換跑道，他告訴我：「走出工廠大門就看到田，傳統產業的領導團隊，思維還是非常僵化，創新提案總是被打槍。待下去也沒有意思，所以就在想換個環境會不會比較有發展機會。」

一條路走到撞牆，普通人都這樣想：「這牆擋著我的路真是太可惡了，此路不通，老子換一條走不行嗎？」但你能保證下一條路不會撞牆或是掉進坑裡？也有可能選到一條天堂路，滿是尖銳的碎石與泥濘。

神獸會怎麼想呢？神獸會想要研究，為什麼這道牆會建在這裡？它是什麼材質？有多高？有多厚？我可不可以說服建牆的人把它拆掉？打個洞穿過去？挖地道可行嗎？建梯子爬過去可不可以呢？沒有任何人有義務要在你的職涯中擔任神仙教母，舉起魔杖為你掃除所有的障礙，我們必須接受一個現實，往職涯目標前進的道路上，一定會有各式各樣的關卡，走到最後得到獎賞的人，通常都是具有成長思維、直面挑戰，解決問題的人。

小朱不應該開地圖砲，把主管不接受提案的理由，直接歸咎於傳統產業不願意創新，然後止步不前。為了成就自己的理想，小朱需要挖掘出主管說「不」的理由。可能是資金要求太龐大、可能是需要增加過多的人力、甚至有可能老闆那一天就是心情不好，卯起來打槍所有人的提案。職場談判最大的目的就是「不要撞牆」，藉由探索對方的需求，讓對話可以持續進行，逐步往期望發生的目標靠近。

如果老闆考慮的是錢，小朱可以將提案規模縮小，先投入最小資金作概念測試；老闆不想一下子增加太多新的職能，那我們就先招募公司內的自願者，成立先鋒小隊；觀察出老闆臉色不善，心情不美麗，那就閉嘴吧，不要逼著老闆馬上給答案，等待天時、地利、人和的黃道吉日，再來開啟下一輪的溝通。

神獸能掌握自己的職涯發展，不會被他人輕描淡寫的「不」打敗，請記住**職場談判的目的不是解決衝突，而是一段透過對話，說服他人成為職場助力的旅程**。保持好奇心，學習從對方的角度來看事情，理解他們對你說「不」的理由，你將會發現若你願意先利他，滿足對方的需求，創造合作的氛圍，對方也會願意把你想要的東西給你。

「職場上其實沒有賤人！」

職涯：一條神獸修煉之路

花了數百元買了這本書，看到此處的你，還相信自己是一隻無能為力，只能任主人擺佈的社畜嗎？在職場上能夠取得什麼成就，請務必要相信「操之在我」。誠如我在本章分享的每一個故事，推進職涯發展的是一系列由自己主導的職涯談判，最要緊的是能釐清職涯目標是什麼。記住「如果你不知道自己想要什麼，你就永遠無法得到你想要的東西。」

你還要找出你的價值，轉換成影響力，讓你的主管或任何你需要的人願意上桌，再來就是必須充分準備，確保上桌前你已有足夠多的選項，讓雙方可以討論，創造雙贏的可能性。當你準備得愈多，你就愈有自信可以提出要求。無論你的目標是想要得到靈活安排工作與生活的彈性辦公時間、新職位、晉陞、更高的薪水還是更多的資源，你現在已經有了成為神獸的潛質與祕訣，最重要的事情是創造機會，時時磨練神獸的技巧。

每週一早上刷牙的時候，看著鏡子裡的自己，然後提問：「本週我想在工作中為自己爭取什麼？」充滿自信地開始為期待中的職場談判做準備。確定你想要什麼，並設定一個日期，與你的老闆或同事討論你的提案，你已經擁有了所需的信心和工具。

堅持下去吧，你正站在神獸修煉之路的入口，這只是一個開始。祝你職場談判順利成功。

Part 4

我是工作生活家！

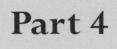

當醫生宣判你得到癌症末期，醫治可以拖一年，放任不處理則只能活六個月，你會如何選擇？

“Richard Says Goodbye” 被創意十足的電影行銷高手翻譯成《人生消極掰》，但其實消極一點也沒有掰掰。九十分鐘的時間旁觀主人翁Richard 臨終的安排，在他玩世不恭的外表下，潛藏著巨大的悲傷，怎樣被錯置的人生，會讓一位有家室的人孤獨地面對死亡？

新學期開始，面對教室滿滿的學生，文學教授Richard說：「我不想浪費自己的時間，更不想浪費你們的。」他用數個刁鑽的問題，讓不是真心喜愛文學的人知難而退，最後僅剩下不到十名學生。

Richard請學生們自我介紹，問了三個問題，“Who are you?” “Why should we know you?” “What do you want to do with your life?” 這三個問題讓我思索了很久，特別是第二題，我們總是汲汲營營地想要「被認識」，名

片換了一張又一張，迫不及待地想要讓別人知道「我是誰」，卻很少思考為什麼別人應該要認識我，我的存在對他人有什麼幫助？

世界上最早記錄人口平均壽命的國家是古希臘，當時希臘人的平均壽命是十九歲，十六世紀時歐洲人平均壽命是二十一歲，逐步延長到二十世紀初的五十歲。像小白這樣活蹦亂跳的中年人，在上個世紀可能根本不存在。既然生命是跟科技借來的，我們還有時間可以浪費嗎？每個人的身邊都應該要有一位生命學的教授提醒我們：「**當你為了功利的理由，勉強做了不愛的事，最好也就只能得到差強人意的七十分。**」

我的閨密下定決心去開刀，子宮肌瘤無害，卻會讓女性在生理期大量的失血，身體中各式各樣的營養素緩緩地流失，也把生命力一點一點抽乾。再怎麼強悍的人，面對病痛也只能乖乖俯首稱臣；再怎麼嬌豔的美女，進了開刀房也不能有假睫毛、放大片跟凝膠指甲，所有的假裝與頭銜都被剝除，就只有這個從娘胎帶來的身體，在最脆弱的時刻讓自己頓悟，沒有了健康，費盡心力追逐的一切都是假象。

從臉書就可以看出來，很多人在熬夜，或許在振筆疾書，又或許在飲酒作樂。曾看過一則寓言故事，我們這一生就是在表演雜耍，手上有五顆球，「健康、家庭、朋友、自尊及工作」，這五顆球中只有工作是橡膠做成，摔在地上也沒關係，撿起來就好，其他四顆都是玻璃球，漏接了必有損傷，也永遠無法回復原本的模樣。**聰明人該懂得要怎麼平衡自己的人生，在還來得及的時候。**

人生這場重要的專案，以終爲始自己主宰

要用多大的善意，才能讓我們留駐在他人的心中，真心為我們的離去不捨？

告別式是設計來與逝者真心誠意地說一聲再見，還是讓活人展現人脈的競技舞台？

你有沒有參加過熱鬧滾滾的公祭？場面冠蓋雲集，家庭的人脈網絡在此刻湧現，有各個派系的政治人物、有公司行號的達官貴人，但哀思與頭銜不見得成正比，在上香與鞠躬的人，有可能根本不認識往生者，出現僅僅是為了人際

間不得不為的送往迎來。

我參加過最離譜的公祭，是某客戶為了在家族中彰顯自己身為總經理的權力，連嫂嫂的喪禮也指示部屬全面動員，所有的供應商都被要求要到場致意。在週六的早上，敝部門被主管強力動員，整整去了十個人，成為供應商出席冠軍。總經理喜形於色，立即喚來部門副總與相關的商品採購說：「你們看看，他們多給面子，這些都是人情，你們要記得用訂單來還。」

我母親過世的時候八十二歲，她的朋友只有六個人參加，都是從小一起長大的手帕交。凝視著一張又一張老淚縱橫的臉，不滲和一絲一毫利益的不捨，這才是對死者最純淨的哀思啊，該要累積多麼深厚的情誼，才可以經歷數十年歲月的考驗？我不禁暗暗地開始盤點，當我永遠闔上了雙眼，有多少人願意站在靈前，誠摯地流下一滴眼淚，因為捨不得。

人生是一場最重要的專案，我想要規劃自己的喪禮，以終為始來主宰自己的人生。

如果我能好好照顧自己，過了七十歲才離開人世，喪禮上應該不會有人為了得到M社的好處來弔唁，用了大部分的人生在工作，最後會在告別式出現並流淚的人，卻不會是那些我曾經給過行銷費用的經銷商或是拿過我生意的供應商，到底應該要怎麼衡量人生的價值？**真正的成功或許不該是做到了多少業績，拿了多少獎金，而是幫助了多少人實現「工作就是好好生活」的理想。**

若是工作上的成就是藉由侵害他人的權益，貶抑他人的自尊得來，生涯中命定的交錯，對周遭的人而言是惡夢，是不得不然的隱忍，這樣惡意的人生終結，只會讓人雙手合十，感謝世上少了一名禍害，趕緊把名字從聯絡人裡刪除，還要再加灑一把鹽巴驅邪。

我不想有一場司儀唱名的喪禮，某某單位的某某。我渴望能夠辦一場有故事的喪禮，謝謝你願意來送我最後一程，請不用捻香，也不要鞠躬，我只想知道你為什麼要來，請你幫我的家人回憶我們曾經共享過的歲月，共譜的故事。從此時開始反省，從此刻開始行動，當死亡來臨時，我希望每一位來送別的人，心中都有一個美好的我，因為有你們，肉體的腐朽不會是結束，我還留在你們的心中。

至於何時會登出生命帳號？沒有人知道，每一天活在當下，努力讓自己與身邊的人都過上圓滿的生活，認真書寫人生。

「如果今天就是生命的盡頭，你將如何選擇？」

死亡離我們很遠嗎？淨界法師弘法時說：「棺材是用來裝死人，不是裝老人。」壽險的廣告也用驚悚地影像震懾消費者：「意外與明天不知道哪一個先到。」牛年還沒有過完，與我同屬中生代的朋友，已有兩個人心肌梗塞往生，一個人不明原因昏迷不醒，還有一位同事中風。

內政部二〇二一年八月六日公布「二〇二〇年簡易生命表」，台灣女性平均壽命是八十四．七歲，正值一枝花美好年歲的我，似乎還有大把的光陰可以揮霍，然而死神不會依照內政部的數據行動，當祂不期而至，我準備好了嗎？在嚥氣的瞬間是否會有不甘？

Steve Jobs在著名的史丹福大學演說，跟畢業生分享：「每天早上，我會問鏡中的自己，如果今天就是生命的盡頭，我還會日復一日做同樣的事嗎？」

我不想浪費生命，所以竭盡所有的努力把工作打造成我喜歡的樣子，大部分的精力用在兩種人身上，一是3C產品零售經銷商，協助他們發想成長策略及無痛轉型；另一種人是使用者，也就是需要運用科技提升個人生產力的工作者，讓他們能進入雲端與人工智能升級工作效率的場景，取得工作與生活的自主權。

立定了做大事不做大官的目標，凡事讓績效來說話，自然而然可以從官僚中優雅抽身，不需在權力場上勾心鬥角。

疫情過後，對推廣Microsoft 365這份工作，我更有使命感了。《第五項修鍊》的作者彼得·聖吉（Peter M. Senge）說：「不用刻意教給人們新的思維模式，只需要給他們適當的工具，透過使用工具去養成全新思維。」

雲端協作、遠距溝通把我們從固定的工作時間與場域解放，**知識工作者是販售問題解決能力的人才，而不是出賣時間的奴才**。

中年的我不得不染髮，藏在內層的星星白不明顯，但好惱人。

少年時背誦詩詞只為附庸風雅，時間到了，加上歲月的洗鍊，才能體會詩人的心境，「高堂明鏡悲白髮，朝如青絲暮成雪」，朝與暮之間的時間是多麼的短暫啊，直到白髮出現，才開始後悔，恨不能坐上時光機，回去最燦爛美好的年歲，提醒自己不要讓工作埋葬生活。

沒有時間可以浪費，趁還來得及的時候，成就可以得意的人生，若今天是我生命的最後一天，可以舉杯大笑著說：「人生得意須盡歡，莫使金樽空對月。」

放大生活中的不尋常，人人都能在聚會中成爲有趣的人

「我覺得我的工作很無趣，你們這群新世代工作者，不會有興趣想要聽的啦。」

柯柯自認是一位舊世代工作者，在最保守的單位，日復一日做著重複的工作。但他愛新時代工作者邱邱，積極參與她的生活，跟我們也變成好朋友，有邱邱的地方就有柯柯。

週日的午後，「工作生活家」在綠意盎然的山間社區，舉辦第一屆365廣告公司小聚，窗外是傾盆的大雨，窗裡是悠閒的爵士。

第一屆365廣告公司，即將隨著隔週日「幹大事沙龍」收場，畫下完美的句點。今日小聚的主題就是「覆盤」，為這一季的我歸納一個重點，再為下一季的我設定努力的方向。

新世代工作者在社群裡吸收養分，極度善於分享，他們可說不是正在分享，就是在思考要如何分享。

輪到了新世代工作者家屬：柯柯，三句話就交代完了過去、現在與未來，鼓勵他多說一點，柯柯有點進入異次元世界的緊繃，他認為大家對他一成不變的工作，不會產生任何好奇心。

為什麼要自我設限呢？謝謝柯柯現身說法，讓我有機會再度說明何謂「新世代工作者」。新、舊與年齡、工作的場域和樣態無關，「新」是工作者的心態，是否願意主動地，採納新思維、新工具與新方法，面對工作與生活的挑戰。

我希望柯柯試試看，先放下工作乏善可陳的刻板印象，找出一般人不太有機會接觸到的人、事、物來分享。

柯柯果真找到超有意思的故事，他的工作是負責簽證面談，台灣的「好野人」喜歡把中學孩子送出國，讀高大上的飯店管理，孩子面談的內容，都是由代辦中心準備，問孩子更深入一點問題，他們的目光就會開始找父母求救。

還談到頂尖大學畢業生的送審資料，就是比一般人有系統、有邏輯，紮實的訓練騙不了人。

柯柯的分享一點也不無聊，讓我們看見平常接觸不到的世界，光是父母該不該主導孩子的將來，以及到底是考上頂尖大學的人厲害，還是國家投入較多的資源讓他們厲害，就讓我們足足辯論了半個小時。

工作不會讓我們有趣，職稱不會讓我們有趣，財富更不會讓我們有趣，有趣的是我們真心想要分享的渴望，想要融入所處情境的開放心態，以及想讓周

遭的人有所得的利他精神。

柯柯絕對是一個有趣的人，你也可以是。

由於創立「工作生活家」社群讓我有機會認識各式各樣有趣的人，除了辦活動，Youtube 節目「白白給你」邀請的特別來賓，也是我認識新朋友的管道。為了鼓勵粉絲們讓喜歡的事變成工作，讓工作就是好好生活，找來ＩＧ爆紅肉桂捲「胖死我太太」創辦人Jack，與一點也不胖的太太本人，上節目分享在ＩＧ上創業的歷程。

「胖死我太太」是看得到，但吃不到的肉桂捲，吃貨必須守著ＩＧ搶單，訂得到是奇蹟、鎩羽而歸是日常。我把第一次「吃播」獻給「胖死我太太」，一邊聊、一邊吃再一邊把手指舔乾淨，讓粉絲們看得羨慕、嫉妒、恨。

粉絲們的問題反映創業者經營企業的傳統邏輯，「做生意的目標是追求業績不斷地成長，供不應求就應該擴張產能，在北部受歡迎就應該去南部插旗，線上互動熱烈就應該開實體門市。」

暢銷書《一人公司》的作者Paul Javis寫了一本書來解釋，為什麼保持小而美的規模，是企業發展的下一個大趨勢。若已經賺夠建築理想生活的金錢，為何還要犧牲生活品質，投入更多的工作？賺更多的錢要用來做什麼？

Jack是我遇過最有智慧的創業家，他的心中有一幅理想人生的圖畫，不會盲目地追求成長。「胖死我太太」肉桂捲的紙盒上清清楚楚的印著「我太太嫁給我是因為我的肉桂捲好吃」，這是一個因愛情而生的品牌，因與粉絲貼心，互動堆疊出故事而茁壯的小企業。Jack沒有因為爆紅而貪心，「胖死我太太」不只是他們夫妻共同擁有的事業，也是夫妻之間相處的情趣，夜深人靜好不容易哄睡了小女兒Zoe，一起窩在床上回應粉絲的留言，商量著明天的IG上要寫哪一則故事，讓這份甜甜的愛不只觸動消費者的舌尖，還能溫暖人心。

粉絲問Jack：「有沒有要擴張團隊、去南部快閃或是開實體門市？」他回答必須要跟太太商量，擴張需要導入更多的資金與夥伴，Jack 不想為了盲目擴大生意，跟不相信「愛」的人合作。Jack堅定地跟粉絲說：「如果你想要跟『胖死我太太』合作或是加入團隊，一定要相信愛，也一定要有自己關於愛的故事與理念。」

攝影棚裡難得有孩子的嘻鬧聲，太太一邊照顧Zoe一邊幫Jack 拍照，錄製短影片，臉上始終帶著甜甜的微笑。錄影結束，我望著一家三口逐漸遠去的背影，嘴裡還滿溢著肉桂捲的香甜，心裡也被這樣簡單的幸福充實了。

工作就是好好生活，更多不會變得更好，知足就能夠滿足。

對他人保持興趣與尊重，就能不當句點王

應朋友邀請，參加一間精釀啤酒吧的週年派對，老闆娘出身金融圈，脫離社畜生涯後開了這間酒吧，打發時間兼交朋友。

在酒吧裡我們自成一個小天地，在各自年齡段裡美麗的女人，天南地北的瞎聊，但不時有各種款式的阿伯想來交朋友。

穿著稍嫌緊身高爾夫球衫「伯一號」，帶著酒杯搖搖晃晃地走來：

「我跟你們說，我做Panel（面板）的，Panel你們懂嗎？我把這杯喝了，你也乾杯。」大哥，你以為在酒店嗎？你做你自己家的Panel，我乾你個大頭

杯，很想直接給他釘子碰，但不能不給老闆娘面子，於是我端出業務嘴：

「小時候老闆最喜歡訓練女生擋酒，女生酒量差，喝一杯男生要喝三杯。」逼退愛灌酒的伯一號。

「伯二號」比較有禮貌，先自我介紹任職於某知名科技外商，然後就像調查戶口一樣，不僅想要知道你是誰，還想知道我們彼此的關係，更想知道每個人在哪裡上班，比調查局還認真。大哥，我真的不在乎你有多厲害，難道你好棒棒，薪水會分給我嗎？告訴你我們在哪上班，你能幫我爭取加薪嗎？

「伯三號」直接指一指門口違停的名車，晃動著手上的車鑰匙，驕傲地說：「我喜歡玩車，如果你在路上看到保時捷車隊開得很快，記得拍照給我看，那一定就是我的車隊。」大哥，你有百萬名車很厲害，你會送給我嗎？

伯一號與伯三號都犯了句點王最大的錯誤，溝通時把聚光燈只投射在自己身上，開口每一句話都是「我」，忽略了對話不只需要內容，還得要像跳舞一般彼此互有進退。

伯二號展現了對他人的興趣，為什麼仍然討人厭呢？因為他打亮的，不是讓對方像巨星的聚光燈，反而是一盞審問罪犯的探照燈。有禮貌的成年人，不會赤裸裸地追問別人的工作，那會讓對方覺得你根本不關心「人」，若對方的職業不能帶來好處，你極有可能會立刻轉身離開。

在社交的場合，開口就問別人的工作非常尷尬，對方可能剛剛經歷痛苦的裁員，可能正在轉職的空檔，還需要時間思考下一步，可能蓄勢待發要創業或成為自由工作者，也有可能決心回歸家庭，照顧家中的稚子或是生病的父母。沒有名片並不代表不能擁有精采的人生。

美國第二十六屆總統老羅斯福分享成功的方程式，他說：「其中最重要的元素就是要懂得如何與他人相處。」**溝通能力好不好，影響我們是否能與周遭的人建立情感連結，有正向情感連結的人才會願意協助你達成目標。**

如何成為一位可以輕鬆與他人建立正向情感連結的人呢？

只需要擁有兩顆心，聊天大師都有一顆**好奇心**，懂得欣賞眼前每一個人，還有一顆**同理心**，願意去理解與包容每一人背後的故事。

真正受歡迎的人不是說故事大師，而是專注的傾聽者，藉由5W1H：為什麼（Why）、在哪裡（Where）、是什麼（What）、何時發生（When）、有哪些人（Who）以及如何做（How）的開放式提問，鼓勵對方多發言，從透露的訊息中更了解對方，適時地用簡短的回應或肢體語言表示理解與贊同，讓對話延續下去。

跟誰都聊得來非常容易，不需要絞盡腦汁想笑話、找話題，只需要對別人感興趣就好。每一個人心中最愛的那個人都是自己，當對方發現你對他感興趣，津津有味地聽他說話，他會因為覺得自己備受尊重，自我感覺超級良好之下，心甘情願地幫你貼上聊天大師的標籤。

說起聊天這件事，沒有人比我的好友米菈更厲害，不管對手有多難搞，她都有辦法聊。我們曾有過共同的主管，那個人只要開口就沒好聽的話，談話內容既冗長又負面。整個部門的人都用消極的態度面對，只有米菈永遠掛著禮貌的微笑，積極保持眼神接觸，抓準節奏回應「好啊」、「是啊」，她在一群默默翻白眼的人群中，有如挺立於淤泥之中的蓮花，讓主管不得不喜歡她。這樣超凡脫俗的能力，也贏得了我的讚嘆與景仰，我把米菈當作我的職場導師，從她那裡學到與他人建立融洽關係的精湛藝術。

當我們和對方有很多共同點時，建立融洽的關係很容易，在同溫層裡有相同背景、經驗與價值觀，信手拈來都是話題。

最難的是你根本就不喜歡眼前這個人，毫無共同點，甚至有可能擁有完全背道而馳的價值觀，但他是主管、是客戶、是老師，是任何一種掌握生殺大權，你非得跟他建立融洽關係不可的人，那你只能接受這個殘酷的事實，非常非常努力地做功課，嘗試找到對方有興趣的話題，以便進行對話。

從我好友米菈身上，我發現跟討厭鬼聊天這種能力也跟鍛鍊肌肉一樣，只要強迫自己經常練習，一開始可能會很不舒服，習慣之後就能像跟同溫層中的人聊天一樣自然了。

如何成爲一位有魅力的講者？

在M社培訓經費多到花不完的美好年代，當時剛進公司未滿一年的我，上了一堂在五星級飯店連吃三天、吃到胃脹氣的簡報課。

講師William Li很厲害，長年在歐洲幫火力發電廠談判，退休後轉戰培訓業，專攻溝通相關的課程。第一天早上，嘴巴裡還塞滿了蝦餃，就遇上了簡報人生的"Aha-moment"（頓悟）。

講師問大家：「台下的觀眾不專心，打瞌睡、回郵件，總是進進出出到外面去講電話，誰應該要負責任？」

同事回答：「當然是聽眾啊，不專心會錯過重要訊息，增加溝通的成本。」

講師搖頭：「大錯特錯，聽眾不專心，絕對是講者的責任。」是啊，簡報的目的是希望可以影響聽眾，促成觀念的轉換進而採取行動，講者理所當然要負起讓聽眾願意把話聽進去的責任。

三天的課程，內容花團錦簇，上完課後，所有的技巧全部忘光光，只剩下這段對話烙印在我的腦海裡。從此，我深以簡報時有人不專心為恥。不管聽眾是老闆、同事、客戶、學生還是一般的消費者，我必須讓他們從頭至尾跟著我的節奏，隨時保持專注。讓聽簡報的人無聊，很可惡；不尊重他人的時間，是謀殺。

內容準備當然很重要。

聽眾是誰？簡報的目的是什麼？如何兼顧聽者的需求同時發揮影響力，讓簡報中的行動呼籲成真？

一場好的簡報，不論聽眾的規模大小，必定要投入心力，以聽眾的需求為核心準備內容，還要反覆演練，先講給自己聽，檢驗邏輯是否通順，再講給同事或朋友聽，請對方給回饋：內容深淺是否適宜？故事感不感人？最重要的是會不會讓他們想要採取行動？

很多人以為公司內部的簡報可以隨便，數字、文字頻頻出錯，排版可讀性奇差無比，邏輯狗屁不通，對內容不熟悉，被提問就僵死在台上。

每一次的簡報都應該要驚艷，那是千載難逢的Show Time，讓他人看見自己實力的機會，不要臭屁自己有多厲害，要做給大家看。花了很長的時間準備，若無法「演」的精采，也是枉然。

簡報是動態的，重點是觀眾，他們可能月底錢花光，心情不好，可能聽了一整天的研討會，精神狀態完全透支。我們沒辦法針對所有可能發生的情境準備，必須依現場的狀況保持彈性。

聽眾累了，少點知識，多點故事；聽眾有敵意，先提問增加參與感，再用聽眾的故事來延伸發揮。

簡報是一場實境秀。讓現場的受眾變成與你對戲的演員，秀要好看，每個人都要有角色。與觀眾保持目光接觸，不只是表示尊重、還要觀察他們在做什麼，瞄到走神的觀眾，馬上問一個問題，再把他帶回情境中。

為什麼要走動，甚至走入觀眾席中？這也是實用技巧，當觀眾的視線長期固定在同一個焦點，會想睡覺，要適時地讓觀眾「動」起來。

如何做一個有魅力的講者？只光花錢上課、買書，但不實踐，只是圖個心安罷了！

請調整心態，整個場子裡的人High不High？有沒有跟著你設計好的橋段走？把責任認命地扛在自己的肩膀上，引導觀眾與自己對戲，這是一場實境秀，講者是導演也是演員，秀好不好？是講者的責任。

提案成功只要好好準備，但99%的人做不到

ＣＪ王是誰？ＣＪ王是一位提案王，在職業生涯中提案三千五百次，成功率高達90%，為什麼那麼厲害？

那麼厲害的人，絕對要請來「白白給你」節目，跟所有新世代工作者們開箱他的提案百寶箱「模組化提案制勝法則」。

創業之前，ＣＪ是奧美互動行銷副總，提案找客戶是他的主業，奧美團隊成員很優秀，超級有創意，每天加班到深夜，但總是到了年底還離業績目標一大截。時間都花在提案尋找新客戶，無法好好服務既有的客戶，在提案成功

率只有30％的情況下，新增的收入趕不上舊客出走流失的業績。

行銷服務業的商品就是人，團隊花了巨量的時間寫提案，不成功就是賠錢。為了找到減少無效提案（賠錢），增加服務客戶時間（賺錢）的方法，ＣＪ翻遍奧美資料庫中四千份提案簡報，得到一個真理：提出能夠解決客戶痛點的案子，客戶才會買單。

看到這裡，你是不是已經在翻白眼：「鬼才知道客戶的痛點是什麼！」其實找到客戶的需求並不難，只要願意投入時間與精力好好準備。

提案前的準備有三件事最重要。

①**聽：破冰後就把嘴閉起來**。積極地聽、認真地聽，讓客戶暢所欲言，充分感受到被尊重，建立信任感後，再用直擊靈魂的關鍵一問取回主導權。

②**讀：三百六十度蒐集客戶資料**。用力地把客戶讀透、讀懂，直到可以鑽入客戶的大腦裡，徹底地換位思考。

③ **說：說一個走進客戶心坎裡的故事。**完美地解決客戶所有的問題，讓客戶感動，客戶會不由自主地走入提案的情境，他會自己想要，不需要強力推銷。

完美的故事裡也有三個元素。

① **挑戰：客戶想要的**

② **機會：競爭者給不起的**

③ **結果：我可以給的**

CJ為這套提案心法取的一個很炫的名字「一提就中」，一舉將團隊提案的成功率從30%提升到90%。他難掩驕傲地問我：「白白你猜猜看，從我開始運用『一提就中』的方法後，團隊最晚達成當年業績目標的時間點是什麼時候？」

我猜三個月，他說更短，難道只需要一個月？

ＣＪ露出我就知道你猜不到的眼神說：「十九天！」

天啊，等於是才開年就把全年的業績做完了啊。

每一次銷售的過程，就是對客戶的提案，我很好奇「一提就中」的技巧可不可以應用在銷售電腦的場景裡。

節目的另一位來賓是三井３Ｃ的店長，他立刻搖頭說：「我們開門做生意，不可能了解客戶啊，走進來的人什麼樣子都有。」

ＣＪ提供了一個嶄新的思維，店長可以研究市場的趨勢，先針對可能會出現大宗需求的場景做準備，例如因為新冠肺炎疫情而激發在家工作與上課的需求，或是開學前父母要幫孩子買電腦的需求，化被動為主動，將店面陳列與銷售話術準備好，就不會被動地讓客人選擇要不要走進來，反而因為已經把主流顧客關心的重點融入到店面擺設中，更容易在競爭者眾多的商圈中脫穎而出。

店長沒有買單：「賣電腦就是要講規格啊，把電腦的規格說清楚，客人才不會買回去之後發現效能不如預期，又跑來亂。」

店長的反應，就是血淋淋的實證，改變一個人的想法真的很難。要從產品為主的銷售轉換成以顧客為中心的銷售，光是改掉拿起商品就開始滔滔不絕、自賣自誇的習慣，整個思維邏輯都必須要打掉重練，才能甘心閉上嘴，乖乖的先讓客戶說。

會議桌上的氣氛有點緊張，我的左手邊是ＣＪ，右手邊是店長。店長不停地丟出銷售場景的日常，挑戰ＣＪ「一提就中」的技巧，最後還崩潰地說：「完了，我亂掉了，不講規格我不會賣。」

ＣＪ提醒店長：「不是不讓你說電腦規格，但請等到釐清客戶的需求後，才端出最適合他的商品，規格只是讓客戶買單的支持點。」

六十分鐘過去了，上完這堂價值一萬元的課，店長的銷售習慣會改變嗎？當客人走進來，他會不會想起CJ「聽、讀、說」三個步驟？看完這篇文章的你呢？你會願意試試看，從產品思維轉念到客戶思維嗎？

所有的學習都需要運用在自己的工作與生活中才能內化，變成自己的能力值。試試看運用「一提就中」的技巧，減少賠錢的時間，增加賺錢的時間。

你到底在害怕什麼？害你裹足不前的理由都是藉口

我們總是覺得自己不夠好，覺得自己脆弱，覺得自己活在聚光燈下被周遭的人針對，這些感受究竟是臆想還是真實？

擔心文筆不好，思考深度不夠，所以默默在社群潛水，明明滿肚子的話想說，因為恐懼被批評所以沈默。

擔心英文不好，表達能力不夠，所以默默參與跨國的會議，明明有很多成功案例可以回饋，因為恐懼被輕視所以沈默。

擔心人性不好，心胸寬度不夠，所以默默掩藏對工作與生活的感觸，明明有很多動人的故事可以分享，因為恐懼有人對號入座所以沈默。

「工作生活家」的互動排行榜聚會中，我最常問的問題就是：「你到底在害怕什麼？」很多想做卻沒有做的事，抽絲剝繭分析之後，害你裹足不前的理由都是藉口。心底深處我們害怕被嘲笑、怕被批評，其實這些害怕的核心都是對失敗的恐懼，既然無法面對失敗，乾脆什麼都不要做吧，沒有開始就不可能會有失敗的風險。

社群時代的人們都太在意「他人眼中的自己」，迷失在各色的評論之中。淹沒在一張又一張的標籤下，還有沒有真我呢？**批評不應該讓我們退縮，有建設性的批評，讓我們可以有機會反省，變得更好，要歡喜地接受這個禮物**；惡意的批評也是很棒的禮物，人不遭忌是庸才，當有人見不得你好的時候，通常代表你已經算是個人才了。

我在一片荊棘中創立「工作生活家」，有人說：「看不懂小白要幹嘛，一定是想用公司的資源來經營個人品牌。」還有人嗤之以鼻地批評：「就是想紅吧。」更有人鐵口直斷社群根本沒有用，等著要看「工作生活家」失敗收場。

經營社群是一項公司沒有規劃資源、沒有指導手冊更沒有成功經驗可以遵循的事業。我其實怕得要死，前三個月壓力大到一個人蹲在馬路邊大哭，光是協調各方勢力就讓我筋疲力竭，還被姊妹嘲笑是「最哀小的甲方」。

我正在做一件公司裡沒有人做過的事，艱難是可以預期的。若我對自己的能力沒有信心，對將來的成功沒有信心，又有誰會對我有信心？

晚餐快要結束的時候，我問大家最後一個問題：「你要如何定義成功？」我的答案是：「能夠用自己喜歡的方式過一輩子，就是最大的成功。」

曾有一位IT界的朋友跟我說：「小白就是太真實，堅持理想寧折不彎，所以很容易被妖魔化。」

嗯，有時心裡是真的有一點寂寞啦，過程也有一點不太平順，但每天早上洗臉刷牙，看到鏡子裡堅持初衷的那個人，活出自己真實的樣貌，我是一位自由人，唯有突破被人八卦的恐懼，才能得到心靈與行動的自由。

「在挺身而進之前，先想一想你要什麼？」

臉書營運長雪柔・桑柏格（Sheryl Sandberg），寫了一本鼓勵女性發揮潛能，積極追求職場成功的書《挺身而進》，身邊很多女性朋友都在閱讀。有一天我的朋友在臉書上發文：「我朋友中最像雪柔・桑柏格（Sheryl Sandberg）的人物，應該就是小白了。」

看到這段話，我沒有暗暗竊喜，反而是花了一整夜的時間反省與思考：「我像她嗎？我真的有這麼好？這是不是謬讚？」

這本寫給女孩的職涯指南《挺身而進》在封面上問了一句話：「如果你毫無畏懼，你會怎麼做？」鼓勵女孩過關斬將，在職場上勇往直前。

Sandberg 認為女性被世俗框架限制，為環境或人情所迫，必須在職涯成就（Career Success）與自我實現（Personal Fulfillment）兩者間作出選擇，較容易為了照顧家庭退出職場，導致世界被男性統治，女性在政治與商業的權力圈從二〇〇二年起就不曾越過15%的天花板。

對於想要在職場上披荊斬棘，一路奔馳的女孩，桑柏格給了三個建議：

①**Stay at the table：讓自己成為職場中的核心要角**。從覺得自己值得開始，相信自己的價值，勇於談判為職涯成就爭取更多的資源。或許因為我神經大條，「恐懼」很少在字典中出現，從進入職場開始就自然而然地坐在桌邊，從未想過因為我是女生所以必須退縮。

作者沒說的是進入權力場拚搏，比實力更重要的其實是權謀與算計，十二年前打怪度過筋疲力竭的十八個月，徹底讓我認知到不喜歡政治的人，不適合垂直發展的職涯。我母胎不帶應對官僚體系、人前人後兩張臉孔的技能。認清自己不喜歡什麼之後，將成為位高權重女強人的嚮往，徹底拋在腦後，轉向專注在我有熱情且可發揮所長的領域，追求自己定義的成功。

② Make your partner a real partner：數據顯示雙薪有孩子的家庭，女性承擔家務的時間是男性的兩倍。

我家剛好相反，孩子是先生早起送去學校，大部分的家務也是先生做，兩個人都懶得做的事情就請專業的管家來。這個建議必須打五顆星，女孩在找人生伴侶時一定不能被愛沖昏頭，或是限於時間壓力隨便將就。把人生的選擇怪罪於家庭責任，是為自己找藉口，**想要留在職場，一開始就應該要找一位可以支持妳的老公**。

③ Don't leave before you leave：不要讓育兒成為不接受職場挑戰與挺身而進的藉口，一路把油門踩到底，直到經過深度思考而選擇退出的那一刻。這個論點我比較不贊成。

以我自己的經驗，養兒育女有階段性，孩子在幼兒時期需要父母的陪伴，女兒跟兒子小時候只要知道我要出差，都會焦慮好幾天，反覆問我可不可以不要去，等到臨行的那一刻，兩個人會依依不捨地送我上車，抱著我哭到呼天搶地。等到青少年時期，別說哭了，我要離開家門時，兒子的眼睛還黏在手遊上，頭也不抬地說Bye Bye。

需要母愛，與雙親緊密互動的幼兒時期一去不復返，照顧與陪伴孩子絕對不是犧牲職場成就，人是感情的動物，沒有付出時間與心血，孩子跟父母不可能會親密，既然選擇做母親，就是要在孩子需要我們的時候，給他們最多的時間與愛，同時我也從孩子的回饋中，讓生命變得更豐富與完整。人生若是一路在高速公路疾駛，不是很沒意思嗎？放慢速度彎進羊腸小道，甚至停下來與心愛的人欣賞一下錯過就不再的美景，才是真正有滋味的人生。

我像不像Sheryl Sandberg？我認為每個女人都會有某件事，會讓我們不顧一切挺身而進，只要我們清楚知道自己想要什麼樣的人生，每一天都過得知足且快樂，不管是單身還是已婚，是高階主管還是小職員，都可以是成功的女性典範。

挺身而進之前，先想一想自己要什麼吧！

替別人著想，是一種生活上的美德

與夥伴們討論活動執行細節至深夜，叫了台灣大車隊回家，司機先生是位中年男子，上車的時候他就說：「抱歉，我才剛開始開計程車，路不熟必須要開導航。」下車的時候他又主動提出要打九折，怕導航繞了遠路，不想讓我吃虧。真是一個「古意」的大叔啊！我拒絕了打折的提議，臨行前祝福他，計程車司機的職涯可以漸入佳境，新北城一個闃無人聲的山間社區裡，我跟素昧平生的司機大叔交換著對彼此的「體貼」。

替別人著想，是一種美德，但在職場上，大家為了爭權奪利，很難做到發自內心的體貼。

在與廣告公司發想工作生活家「職場鬼故事比賽」的提案時，每一個人彷佛都受過很深的職災，爭先恐後地分享自己遇鬼的故事，一個又一個的親身經歷推疊起鬼影幢幢。不管是上司、下屬、同事、合作廠商、網紅還是經紀人，都曾在關鍵時刻扮演了邪惡無比的角色，在他們的心上狠狠地扎了一刀，事過境遷後，傷口早已癒合，但想起那個人，還是會微微的心痛。

聽著生動無比的職場鬼故事，突然有一個想法在腦海湧現，或許這些鬼也都是可憐人啊，背叛、霸凌、說謊、出爾反爾等負面行為，都是在面對強大壓力下，不理性的原始反應。

真正心智成熟的人，會深入思考，去分析自己的需求與對方的需求，會去探索是否有更好、更多的選項，可以幫助彼此獲得更大的價值，把事情最好，同時不傷感情，大家能夠一起發展未來更多的可能性。

我們不能控制遇到什麼人，更不能一眼看穿對方心智是否成熟，「人在江湖飄，哪能不遇鬼？」但我們可以選擇自己不要變成鬼，畢竟出外靠朋友，廣結善緣的人絕對更容易成功。

每當新的一週開始，你是精神抖擻地迎接新挑戰，還是被週一憂鬱籠罩，進了辦公室就會見鬼，恨不能是天天星期天？

美國作家Dan Miller引述美國疾病管制與預防中心的數據：「週一早上九點鐘死亡的人數，高於一週當中任何其他的時間與日子。」已經有很多醫學研究證實，壓力與疾病的相關性，不開心的工作有可能是慢性的毒藥，正一點一滴地奪走你的健康。

為什麼會不開心？

我有很深刻的體驗，超過一千九百個日子，我把工作的意義聚焦在「刷存摺」。因為老闆的管理風格過於特殊，讓團隊的工作極度沒有成就感，就像是一隻哈姆太郎在滾輪裡不停地奔跑，但永遠也不能前進。如果不是一直催眠自己，忍耐是為了月底領到錢，怎麼可能持續地承受那樣泯滅人性的職場霸凌？

蓋洛普公司（Gallup International Association）定期調查美國員工的職場參與度，有很驚人的發現：

55%的工作者與工作保持距離，從不涉入個人情感，企業付錢、我做事，乾乾脆脆銀貨兩訖。

16%的員工，不僅對工作無感，還要搞破壞，透過積極的行動傳達自己對工作的不滿，板著一張臭臉，用消極負面的的行為，毒害週邊的人。

我算是一個大器晚成的幸運兒，熬了好幾年，終於在M社遇到一位支持員工創新也願意給資源的領導者。因為完全可以按照自己的計畫來做事，工作就是我的作品，我必須負起完全的責任，更因為不能辜負信任我的主管，讓我對成果的要求近乎於吹毛求疵，根本不在乎額外投入的時間。

知人善任的老闆不囉嗦，給出明確的目標與方向，其他的就讓員工放手去規劃。自由的空氣，讓我重燃對工作的熱情，催生出讓千禧世代覺得M社變酷了的社群「工作生活家」。我也因為工作已經變成自己喜歡的樣子，從心底認同「我的工作就是好好生活」，我就是一個解構工作、再造生活的工作生活家。

你在職場上總是遇到鬼嗎？其實讓工作就是好好生活一點也不難，持續學習加強專業能力，讓自己在職場上擁有話語權，才會被尊敬，也才能拿到自由的入場券，選擇自己最想要的工作與生活的方式。

每週一，我都很開心地去上班，即使我知道會被會議淹沒，但這些會議代表更多的機會，我也可以認識不同領域的新朋友。身為一位踏過地獄之火的過來人，我要苦口婆心勸大家：「**不快樂的工作對身、心、靈都是傷害，請不要騙自己『我沒有選擇』，人生處處都是選擇，你只是還沒有找到說不的勇**

氣。」不管職場上有沒有鬼，我們都要為自己的幸福與快樂負起責任。

爲什麼必須要經營個人品牌？

有一位剛出社會的女孩在社團裡提問：「要如何成功地經營個人品牌？」

我問她：「為什麼想要經營個人品牌？」必須先理解動機，才能給出切中要害的建議。

妹妹說：「我很擔心會失業，想要預做準備，幫自己開源。」

我接著問：「那你在社群媒體寫的文章，有可能在未來幫你創造額外的收入嗎？」

妹妹很誠實地回答：「我也不知道。」

在地球上，只要大腦尚在思考的人，其中至少有70%會擔心失業，媒體、名人靠販售恐懼增加影響力，彷彿轉瞬之間人工智慧就要攻佔職場，全世界的老闆都在磨刀霍霍，準備要裁員。

飯碗變得跟玻璃一樣脆弱，很多人開始鼓吹「個人品牌」，累積知名度之後，品牌可以變現，出書、演講、業配或是代言，都可以成為收入的來源。但每位有品牌的人都能成為網紅嗎？每位網紅都能賺取足以供應生活所需的收入嗎？

也有人說，我就安分守己當個上班族，不需要個人品牌。想要轉職或轉調部門的時候呢？新老闆不知道你是誰，為什麼要給你機會？

我認為個人品牌之所以重要，並不是為了預防失業；經營個人品牌是為了讓你不只是一張隱藏在企業招牌後面的模糊臉孔，個人品牌是幫你的專業做一個清楚的定位，讓願意付錢給你的人，不管是雇主還是客戶，了解你能夠為他們創造什麼價值，才能擁有持續獲得收入的能力。

每一個人，不管你有沒有在經營自媒體，都應該要關心自己的個人品牌。

首先，你必須了解什麼是品牌，品牌不只是標語、不只是Logo、不只是一個設計精美的首頁，品牌是一套價值定位系統，它必定是有獨一無二的願景，指引著企業前進的方向。

我們每個人都是一人公司，個人品牌就是這家一人公司的價值定位系統，環繞著你的個性、優勢、特長、專業，形塑出只屬於你的識別。認同這個識別的人會與你產生更深入的互動，讓你的個人形象變得立體。漸漸地，你會發現周遭的人願意與「你」合作，而不是你背後的大招牌，你將能夠以自己為核心，發揮影響力，當你能夠明確地為他人所用的時候，已在專業領域建立起強大的人際網絡。

三年前我也是一個很擔心被企業淘汰的中年婦女，在同一間公司待了十五年，如果被迫出走，真心懷疑自己是否還能找到下一份工作。冒險創辦「工作生活家」社群解救了我，為了與粉絲互動，我開始寫作，成為一個文字創作者。書寫的過程中，我逐步找出工作對我的意義，我知道做什麼事會讓我興奮，充滿了激情，我也發現每天驅動我起床的動力。這些自我洞察都是個人品牌的原料，現在的我不只是在M社工作的小白，我的願景是要讓所有的工作者都能獲得「選擇的自由」，只要一台電腦，搭配生產力軟體與可以讓團隊遠距協作的雲端服務，工作者可以選擇在最有創造力的時間與空間工作。時間不再被朝九晚五的工作型態綁住，每個人的工作都能是好好生活。為了讓更多的人認同這個願景，我用公餘的時間到各大社團去分享，讓大家看見我在談判與業務領域的專業，認真地做好本職工作的同時，也促成了授課、演講與寫作的斜槓收入。

害怕失業的人一定要看《一人公司》這本書，其中最發人深省的金句：「就意義上而言，每個人都應該成為一人公司。即使待在一間大公司，本質上你也是唯一關心自己的最佳利益與持續就業的人，因此你有責任定義自己的成功，並實現屬於自己的成功。」

作者Paul Javis本身是一個奇人，帶著老婆搬去一個居民僅有二千人的小鎮，過著極簡到連電視都沒得看的生活。摒除了世俗的噪音，與他人的影響，才能分辨出「需要」與「想要」的差異，聚焦於自己需要，才能不受大眾的想要引誘，生活才會有選擇的自由。

全書最精華的論點是「**專注在變得更好，而不是變的更多**」，一人公司是一種心法，一種面對工作與生活更負責任的態度，質疑盲目追求賺更多錢和獲取更多權力的思維，因為成功不是只有一個答案。也不要被數字迷惑，業績可以灌水，粉絲團的讚可以用錢買，當自己及他人的對話目的不是只有要求更多，才有可能帶領自己與夥伴往更好的路上邁進。

很多年輕朋友問我為什麼可以在M社這麼不時髦的企業裡，經營「工作生活家」那麼酷的社群。因為我已經確定了工作的願景，不會盲目追求升官，去處理不擅長的官僚事務，我可以專心地把我經營的產品做得更好，為了完成目標，我敢於承擔風險。對我而言個人品牌與職場品牌應是互為表裡、相互輝映的概念，聚焦於當下，把手上的工作經營到叫好又叫座，就能夠擁有最強有力的個人品牌。

成功操之在己，代表我們有選擇與自主權。我常常在演說中用「做自己的大神」作為結語，鼓勵年輕朋友不要盲目崇拜他人，把他人的成功方程式硬生生的套用在自己身上。不管你想要創業、從事自由工作還是跟我一樣當個上班族，請都花點時間建立起個人品牌，開好一人公司，取得持續創造收入的能力。

〔結語〕

寫下「我的工作就是好好生活」的行動企畫

「一個人並非用語言來闡述人生，而是透過他做出的每一個選擇。日復一日，選擇堆疊成命運；選擇描繪出自我，至死方休。」

——美國第三十二任總統夫人愛蓮娜・羅斯福

感謝你在茫茫書海中，選擇了這一本書。

感謝你在疲於奔命的日程中，選擇把這本書看完。

接下來，我期盼你可以做出一個更重要的選擇：

選擇相信工作與生活的樣貌可以操之在我。

選擇採取行動去創造屬於自己的人生。

我們應該為自己許下一個承諾。你走了這麼遠的一段路，堅持把這本書看完。難道你不曾掩卷思索：「我可以做什麼事，讓自己變得更好，成為我想成為的人？」

當我們許諾要成為一位為了實現願景而奮鬥的人，大腦就能從固定型思維轉換成成長型思維，一步一步進化成最佳版本的自己，這樣的你充滿了自信，不只可以幫自己圓夢，還可以為了成就他人而存在。當你把他人想要的東西當成禮物送出去，從競爭轉換成合作關係，你也會源源不絕地從別人手上得到禮物。

經營「工作生活家」社群是我人生的轉捩點，走出了大企業的象牙塔，我才發現原來有那麼多人，已經拋棄了舊時代的工作思維。他們選擇不販售時間，而是販售經驗與創意的產出結果，不管是上班族、自由工作者還是創業家，每個人都是用過硬的專業能力在對話，在各據一方的專業領域中，他們是昂首闊步的神獸，他們不需要委曲求全。我很幸運可以在生命還來得及轉彎的時候，認識這一群人，一起擦撞出很多絢爛的火花，包含這一本書。我也希望從今天起，你可以選擇加入這一群人，為自己加上有能力選擇讓工作就是好好生活的標籤。

積極心理學之父馬汀．賽利格曼（Matin Seligman）在《真實的快樂》書中，分享了如何在職場中找到幸福的方法，開頭丟出了三個現代人對工作最大的困惑，請讀者思考：

① **我目前處於職場上哪個階段，我對自己的工作滿意嗎？**

② **為什麼對工作不滿意，在工作時很難有幸福的感覺？**

③ **勞工與雇主可以採取哪些行動，把職場打造成一座讓人流連忘返的樂園？**

你們有答案嗎？請把你的答案寫下來，在「工作生活家」的社團中分享。我希望你可以藉著回答這三個問題，發現工作對你而言的意義是什麼。工作的終極目標絕對不是為了賺錢，而是賺了錢之後，你想要去成就的事，找到答案，才可以製作出行動企劃去得到它。

這就是最後我想要跟你說的話，你的工作、你的生活、你的一切都取決於你的選擇與行動，我希望這本書，我分享的故事可以鼓勵你，打破自己是社畜的幻想，下定決心磨練出神獸的必殺技。我不想餵雞湯給你喝，騙你說：「改變很容易喔，上我的課（買我的書）就可以做到。」知道與做到中間隔著千山萬水，你確實需要對自己許下一個承諾，只有你自己才有力量，咬緊牙關迎難而上。

你放心，我會在一旁協助你，在「工作生活家」社團中的人也會願意提供你必要的支持，你要做的事雖然困難，但我們可以一起讓它變得很有趣。

讓我們走出內心的恐懼。讓我們勇於投資自己，讓我們此生不斷追求成為最好的自己。

讓我們都變成神聖不可侵犯的神獸。

「工作生活家」社團

VW00038

職場神獸養成記

社畜必死，變身神獸一輩子有錢賺

作　者—白慧蘭
主　編—林潔欣
企劃主任—王綾翊
美術設計—比比司設計工作室
內頁排版—游淑萍

第五編輯部總監—梁芳春
董事長—趙政岷
出版者—時報文化出版企業股份有限公司
一〇八〇一九臺北市和平西路三段二四〇號三樓
發行專線—（〇二）二三〇六—六八四二
讀者服務專線—〇八〇〇—二三一—七〇五
（〇二）二三〇四—七一〇三
讀者服務傳真—（〇二）二三〇四—六八五八
郵撥—一九三四四七二四時報文化出版公司
信箱—一〇八九九臺北華江橋郵局第九九信箱
時報悅讀網—http://www.readingtimes.com.tw
法律顧問—理律法律事務所　陳長文律師、李念祖律師
印　刷—勁達印刷股份有限公司
一版一刷—二〇二二年一月二十一日
定　價—新臺幣三五〇元
（缺頁或破損的書，請寄回更換）

職場神獸養成記：社畜必死，變身神獸一輩子有錢賺 = Work as life ／白慧蘭著 . -- 一版 . -- 臺北市：時報文化出版企業股份有限公司 , 2022.01
面； 公分 . -

ISBN　978-957-13-9898-3（平裝）
1.CST: 職場成功法
494.35　　110022000

ISBN 9789571398983
Printed in Taiwan